Vergütete Hölzer
und holzhaltige Bau- und Werkstoffe
Begriffe und Zeichen

Von

Prof. Dr.-Ing. F. Kollmann VDI
Direktor der Reichsanstalt für Holzforschung, Eberswalde

Erläuterungen zum Normblatt DIN 4076

Springer-Verlag Berlin Heidelberg GmbH

1942

Inhalt.

ISBN 978-3-662-28013-3   ISBN 978-3-662-29521-2 (eBook)
DOI 10.1007/978-3-662-29521-2

Sonderdruck aus
„Holz als Roh- und Werkstoff", 1942, 5. Jahrg., Heft 2/3, S. 41–59

Springer-Verlag Berlin Heidelberg 1942
Ursprünglich erschienen bei Springer-Verlag in Berlin 1942

*Nach einem Überblick über das Zustandekommen und
den Aufbau von DIN 4076 werden die Eigenschaften, Ver-
wendungszwecke und Herstellfirmen der davon erfaßten
Bau- und Werkstoffe zusammengestellt.*

Allgemeines.

Nach eineinhalbjähriger Arbeit wurden am 31. III. 1941
die Beratungen über DIN 4076 beendet. Die Mitglieder
des Arbeitsausschusses, dessen Obmann ich war, beschlossen
einstimmig, das Normblatt nach nochmaliger Durchsicht
durch den Obmann und die Normenprüfstelle zum Druck zu
geben (siehe S. 60). Damit war eine Arbeit geleistet, deren Umfang schon bei den ersten Plänen zu einer durch Normblatt
verbindlich erklärten Begriffsordnung für vergütete Hölzer und holzhaltige Bau- und Werkstoffe als außerordentlich weit erkannt wurde. Im Zuge der Gemeinschaftsarbeit an diesem Normblatt stellte sich aber heraus, daß
der ursprüngliche Rahmen sogar noch zu eng gefaßt war.
Die ganze Größe der Aufgabe läßt sich aus der von Anfang
an geltenden Richtschnur ermessen, daß sich die Begriffsordnung auf alle veredelten Hölzer und sinngemäß auf alle
holzhaltigen Bau- und Werkstoffe erstrecken muß. Nur
auf diese Weise wird es möglich, die einzelnen Erzeugnisse
sicher gegeneinander abzugrenzen und in der Praxis an
Stelle der für den Konstrukteur unbrauchbaren Marken-
namen klare Werkstoffbegriffe zu setzen. Bei der in den
letzten Jahren sprunghaft gewachsenen Anzahl von Werkstoffen auf Holzgrundlage, ihren sehr vielseitigen Verwendungsmöglichkeiten, den oft reichlich phantastischen Mar-
kennamen dafür und dem Mangel an einheitlichen und umfassenden Prüfungsdaten türmten sich vor dem Normen-
werk zunächst erhebliche Schwierigkeiten auf. Daß es
gelang, sie verhältnismäßig rasch und an allen Stellen zu
beseitigen, ist nicht zuletzt der verständnisvollen und
pflichtbewußten Mitarbeit gerade auch der Erzeuger von
Holzwerkstoffen zuzuschreiben. Den Anstoß zum ersten
Rahmenentwurf einer solchen Begriffsordnung gaben freilich andere Erwägungen: Der Wunsch des Wissenschaft-
lers und Werkstoffachmanns, auf seinem Arbeitsfeld Ord-

nung und Klarheit zu schaffen, und vor allem das Verlangen der Großverbraucher, für die neuen Werkstoffe Begriffe zu erhalten, die ihr Wesen und ihre Eigenschaften einigermaßen umreißen. Die während des Krieges selbstverständliche maßgebende Beeinflussung von Werkstoffentwicklung und -einsatz durch das Oberkommando der Wehrmacht führte dazu, daß gerade von dieser Stelle die Arbeit an DIN 4076 durch Anregung und Kritik erheblich gefördert wurde. Auch in organisatorischer Hinsicht war die Zusammenarbeit bemerkenswert: Der Fachausschuß für Holzfragen beim Verein Deutscher Ingenieure und Deutschen Forstverein, seit Jahren das Sammelbecken für Erfahrungen und Erkenntnisse auf dem Gebiete der Holztechnologie, berief zunächst als neutrale Stelle einen Arbeitsausschuß. Als Mitglieder wurden führende Fachleute aus Wissenschaft und Praxis bestellt. Es wurde darauf gesehen, daß die Praktiker sich gleichmäßig aus den Lagern der Erzeuger und der Verbraucher zusammenfanden. Um die Aussprachen nicht unnütz lang werden zu lassen, wurde der Kreis der Beteiligten mit Absicht klein gehalten. Den verbindlichen Charakter der beabsichtigten Begriffsordnung stellte die bereits in der ersten Sitzung vom 30. XI. 1939 beschlossene Überführung in einen Unterausschuß des Deutschen Normenausschusses eindeutig klar. Auch die Deutsche Forschungsgemeinschaft bekundete ihr Interesse an den Arbeiten durch Bereitstellung von Mitteln für die Geschäftsbedürfnisse des Ausschusses. Um den Grundgedanken fruchtbarer Gemeinschaftsarbeit so umfassend wie möglich zu verwirklichen, sollte die neue Norm DIN 4076 mit allen anderen bereits für vergütete Hölzer und holzhaltige Bau- und Werkstoffe bestehenden DIN-Normen gekuppelt werden. Folgerichtig sollten, soweit erforderlich und möglich, auch einschlägige RAL-Vorschriften angezogen werden. Weiter wurde Wert darauf gelegt, die Stimmen des Reichsausschusses für Lieferbedingungen, der Reichsstelle für Wirtschaftsausbau sowie verschiedener Fachausschüsse des Vereins Deutscher Ingenieure zu hören, soweit diese auf Gebieten arbeiten, die an den Bereich von DIN 4076 angrenzen oder ihn etwas überschneiden. Beispielsweise gilt dies für Kunstharzpreßstoffe mit Holz als Füllstoff gemäß DIN 7701, für die Bezeichnungen von Hartplatten und die Güteeigenschaften von Bindemitteln.

Unvermeidlich war natürlich, daß da und dort Sonderwünsche einzelner Stellen zurückgezogen werden mußten. Unvermeidlich war ferner, daß in manchen Fällen völlig neuartige Begriffe geschaffen wurden. Nichtsdestoweniger aber war es das Bestreben, soweit irgend angängig bereits eingebürgerte Bezeichnungen und gewohnte Bezeichnungsfolgen zu übernehmen. Auch der Inhalt der gegen große Widerstände eingeführten Bestimmungen des Gütezeichens für Sperrholz wurde bewußt mit übernommen und gab beispielsweise Veranlassung, von den ersten Entwürfen für die Einteilung von Tischlerplatten wieder abzugehen.

Wohl der schwierigste und kühnste Teil des ganzen Vorhabens bestand darin, auch Kurzzeichen für die vergüteten Hölzer und holzhaltigen Bau- und Werkstoffe zu finden und zu normen. Als Vorbild dienten dabei weite Gebiete der Werkstofftechnik, z. B. der Metalle und der gummifreien nichtkeramischen Isolierpreßstoffe. Es leuchtet ein, daß der ingenieurmäßige, verfeinerte Einsatz eines Werkstoffes wesentlich erleichtert wird, wenn an Stelle einer langen Beschreibung dieses Werkstoffes durch eine Folge von Wörtern, die Grundstoff, Zuschläge und Aufbau charakterisieren, ein oder mehrere Kurzzeichen treten. Die Frage, wie man hier aber in der Praxis zweckmäßig vorzugehen hat, stieß auf folgende Schwierigkeit: Einfach sind Kurzzeichen bei Metallen oder bei sehr gleichmäßigen Preßstoffen, bei denen man mit einem oder zwei Buchstaben auskommt, mit Buchstaben, die etwa bei den Metallen leicht entzifferbare Abkürzungen des lateinischen Namens für das metallische Element (z. B. Cu) oder für die deutsche Bezeichnung (z. B. St) sind. Sobald das betreffende Kurzzeichen aber eine Werkstoffgruppe umfaßt, reicht es nicht aus, sondern es ist noch eine Klassentrennung durch zusätzliche Angaben erforderlich. Diese zusätzlichen Angaben können beispielsweise aus Zahlen bestehen, die eine hervorstechende Eigenschaft genau festlegen. Sicherheit und Gewähr für die Einhaltung dieser hervorstechenden Eigenschaft können durch Hinweis auf ein Normblatt gegeben werden, in dem nähere Anweisungen für den betreffenden Werkstoff enthalten sind. So entstanden unter anderen ähnlichen Kurzzeichen die für Stahlguß; Stg 45.81 heißt beispielsweise Stahlguß von Normalgüte mit 45 kg/mm^2 Zugfestigkeit nach DIN 1681. Sondergüten des betreffenden Stahls mit festgelegter

Mindeststreckgrenze können nach dem gleichen Normblatt durch Zusatz von „S" (nach der Normalblattnummer) vorgeschrieben werden. Auf ähnliche Weise wurden die Kurzzeichen für andere Metalle entwickelt, wobei immer der Gedanke leitete, aus dem Gesamtbild der Kurzzeichen bereits die Stoffeigenschaften weitgehend herauslesen zu können. Es war klar, daß dieser an sich bestechende Gedanke bei den holzhaltigen Werkstoffen insofern nicht leicht übernehmbar ist, als genügende Unterlagen für die zahlenmäßige Einstufung nach Eigenschaften fehlen, ja in Anbetracht der natürlichen Streuung bei organischen Werkstoffen unbeschaffbar sind. Weiter mußten von Anfang an bei einigen Werkstoffen verhältnismäßig lange Folgen von Kurzzeichen erwartet werden, da eine ausreichende Beschreibung beispielsweise bei geschichteten Hölzern die Angabe des Werkstoffs, der Plattendicke, des Bindemittels, der Holzart und schließlich der Lagenzahl verlangt.

Dies brachte denn auch den kritischen Einwurf, daß derartige Kurzzeichenfolgen keine Kurzzeichen mehr seien und sich häufig nicht in den genormten Spaltenbreiten der Stücklisten auf Konstruktionszeichnungen verwenden lassen. Es kam in den Beratungen nun ein Gegenvorschlag zur Aussprache, nach dem an Stelle von Buchstaben, die Abkürzungen der betreffenden Werkstoffbezeichnungen sind, sowie von Zahlen, die Aufbau, Dicke und Normblattnummer angeben, eine Ziffernfolge zu setzen wäre. Als praktisches Beispiel wurden die vom Reichsluftfahrtministerium gebrauchten Ziffernfolgen der Werkstoffe des Flugzeugbaues erwähnt. Es muß anerkannt werden, daß derartige Ziffernfolgen den Vorteil außerordentlicher Kürze haben, trotzdem widersprechen sie den oben angedeuteten Grundzügen für leicht verständliche und deutbare Kurzzeichen im allgemeinen technischen Gebrauch. Sie stellen eine Verschlüsselung dar und gestatten die Anwendung (wenn man von einem engen Fachkreis absieht) nur unter Zuhilfenahme einer umfangreichen Liste, die sämtliche in Frage kommenden Werkstoffe enthält. Diese Liste planmäßig aufzustellen, dürfte bei der noch fließenden Entwicklung auf dem Gebiete der Holzwerkstoffe auf erhebliche Schwierigkeiten stoßen. Anderseits muß man zugeben, daß die Bezeichnungen nach DIN 4076 für vergütete Hölzer und holzhaltige Bau- und Werkstoffe teilweise lang und unhandlich werden. Der Wunsch, eine bessere Lösung zu finden, besteht deshalb ohne Zweifel. Diese sollte dann allerdings keine Einzellösung mehr sein, sondern Teil einer neuen, das gesamte Werkstoffgebiet umfassenden Bezeichnungsordnung. Der Gedanke eines über die Sprachgrenzen hinausreichenden Gebrauchs drängt zwangläufig zu Ziffernfolgen. Es mag für diese Zukunftsarbeit wertvoll sein, die Flugzeugwerkstoffzahlen auf die neue Begriffsordnung anzuwenden und Erfahrungen damit zu sammeln. Ein entsprechender Vorschlag* wird demnächst zur Aussprache gestellt werden.

Bezüglich der Schreibweise der Kurzzeichen nach DIN 4076 für Holzwerkstoffe wurden einheitlich große Buchstaben vorgeschrieben, um die Durchgabe mittels Fernschreiber ohne Schwierigkeit zu ermöglichen.

Grundsätzliche Reihenfolge der Werkstoffe im Normblatt.

Während der allererste Vorschlag zur Begriffsordnung davon ausging, die Werkstoffgruppen nach ihrer Bedeutung in der Wirtschaft zu ordnen, wurde bereits auf Grund der Anfangsberatungen über den Entwurf eine systematische, technologisch richtig aufgebaute Anordnung gewählt. Dabei leitete folgender Gedanke: Alle in Frage kommenden Werkstoffe bestehen ganz oder zu einem wesentlichen Teil aus Holz. Kennzeichnend für diesen Grundstoff ist seine fortschreitende Zerkleinerung in den einzelnen Werkstoffgruppen. Man beginnt somit zweckmäßig mit dem nicht aufgeteilten Vollholz und endet bei Werkstoffen, in denen das Holz nach feinster Aufteilung zu Fasern enthalten ist. Die Abgrenzung klarer Gruppen wird auf diese Weise überraschend leicht möglich. Selbstverständlich werden unter Vollholz keineswegs Rundholz und Schnittholz aufgenommen, da diese keine Vergütung erfahren haben, und DIN 4076 grundsätzlich nur vergütete Hölzer umfaßt. Es wird also verlangt, daß eine Vergütung auf geeignete Weise herbeigeführt wird, wobei, technisch gesehen, verschiedene Verfahren ausgeübt werden können. Man kann etwa das Holz lediglich durch Pressen verdichten, oder man kann es nach besonderen Verfahren bleibend formbar machen, oder aber man kann ihm Tränkstoffe einverleiben, sei es, um seine Widerstandskraft gegen Abbau und Zerstörung zu erhöhen, sei es, um ihm bestimmte zusätzliche Eigenschaften (z. B. Schmierfähigkeit, elektrische Isolierfähigkeit u. dgl.) zu verleihen.

Die zweite Gruppe sind dann Werkstoffe, die aus einzelnen Holzlagen mittels hochwertiger Bindemittel zusammengefügt sind. Während wir beim Schnittholz in Form dünner Bretter oder bei einzelnen Furnieren Holzlagen vor uns haben, die als solche nicht vergütet sind, entsteht in den Lagenhölzern ein vergütetes Holz durch

---

* Auf Anregung und unter Mitwirkung von Generalingenieur Bauer im Reichsluftfahrtministerium in Vorbereitung.

Zusammenfügen der einzelnen Holzlagen. Der Zweck dieses Verfahrens kann ein verschiedener sein. Beim Sperrholz beispielsweise besteht er vornehmlich darin, die in natürlichem Zustand ungleichmäßige Schwindung des Holzes zu vergleichmäßigen, insbesondere in den zwei Richtungen der größten Ausdehnungen etwa auf gleicher Höhe zu halten, und bei den Tischlerplatten die an sich große Tangentialschwindung des Holzes möglichst nur in der Plattendicke wirken zu lassen, wo sie praktisch am wenigsten stört. Zusätzlich werden durch die Sperrholzherstellung weitere Vorteile erreicht, so die sparsame Verwendung hochwertiger Edelhölzer in Form dünner Deckfurniere auf den Außenseiten sowie die bessere Ausnutzung minderwertiger Holzsortimente in den Mittellagen. Bei den Furnierplatten ist schließlich als besonders wichtiger Zweck die Beeinflussung der Festigkeitseigenschaften in gewünschter Richtung hervorzuheben, bei den Schichthölzern und Sternhölzern gilt das gleiche mit dem Zusatz, daß hier die Streubreite der Eigenschaften auf ein Mindestmaß eingedämmt wurde, das man vorher bei Holz nicht kannte.

Den ursprünglichen, bald verlassenen Gedanken der Begriffsordnung nach der wirtschaftlichen Bedeutung wollte man dann wenigstens innerhalb der einzelnen Werkstoffgruppen durchbrechen lassen. So wurde bei den Lagenhölzern mit Sperrholz begonnen, auf das Sternholz und Schichtholz folgten. Erst bei den letzten Beratungen ging man auch hiervon zugunsten einer logischen Folge ab. Der Anlaß kam aus dem Hinweis auf die Werkstoffordnung in DIN 7701 für Kunstharzpreßholz, wo Preßschichtholz als Klasse A, Preßsperrholz als Klasse B und Preßsternholz als Klasse C bezeichnet sind. Diese Ordnung der Lagenhölzer nach dem Faserverlauf in den einzelnen Lagen in Richtung zunehmender Differenzierung leuchtet ein; im Schichtholz herrschen Lagen mit parallelen Fasern vor, höchstens 10 % der Gesamtdicke ist als Querschichtung zugelassen. Im Sperrholz kreuzen sich die Fasern in aufeinander folgenden Furnieren oder Holzschichten in spitzem oder rechtem Winkel, im Sternholz schließlich schraubt sich der Faserwinkel mit zunehmendem Abstand der Schichten von der obersten Lage allmählich weiter, so daß bei Projektion aller Kreuzungswinkel auf eine Ebene ein Fasersternbild entsteht. Die sog. Füllplatten, bei denen an Stelle innenliegender Furniere oder Mittellagen Füllungen aus verpreßten Holzspänen oder wabige Konstruktionen aus Holz, Pappe u. dgl. verwendet werden, fügen sich zwanglos als letzte Gruppe ein, da in ihnen an Stelle der zweidimensionalen Faserordnung eine dreidimensionale Ordnung oder Unordnung tritt. Ihr Nachteil: das Fehlen oder die Beeinträchtigung der Sperrwirkung wird durch diese Tatsache begründet; das Verlangen der Sperrholzhersteller, sie nicht unter die Sperrhölzer einzureihen, ist verständlich.

Als nächste Werkstoffgruppe mit noch weitergehender Zerkleinerung des Rohstoffes Holz wurden die Holzspanstoffe in DIN 4076 aufgenommen. Dieser Begriff ist sprachlich neu, seine Berechtigung aber liegt auf der Hand und wird besonders klar aus der ersten Untergruppe der Holzspanstoffe, den Holzwolleplatten. Ihr Hauptbestandteil, die Holzwolle, besteht aus etwa 50 cm langen lockenartigen Holzspänen in geeigneter Breite und Dicke (vgl. hierzu den Normblattentwurf DIN 4077). Der Unterschied gegenüber den Furnieren und Holzlagen in der vorhergehenden Werkstoffgruppe der Lagenhölzer springt ins Auge. Insbesondere wird auch der erhebliche Unterschied zwischen den Holzspanstoffen und den Holzfaserplatten klar. In der Holzwolle, als hervorstechendem Vertreter großer Holzspäne, sind die Fasern noch zu zusammenhängenden Geweben, ähnlich wie in den Furnieren und im Vollholz selbst, verbunden. Es handelt sich somit um Bänder aus Fasergeweben. Das Fasergefüge, insbesondere die feste Verkittung der einzelnen Holzfasern durch die sog. Mittellamelle, bleibt erhalten, selbst wenn die Späne immer kleiner und kleiner werden, wenn also aus Holzwollelocken Bruchstücke von solchen Locken werden, oder wenn die Späne gar als Abfall bei der Verarbeitung des Holzes mit Hobelmessern oder Sägen entstehen. Kennzeichnend für die Sägespäne ist ihre unter Umständen schon sehr geringe Korngröße. Bei der Zerspanung von trockenem Hartholz mit fein geteilten Sägen entstehen sehr kleine Späne, deren Länge ein Bruchteil der Faserlänge sein kann. Trotzdem handelt es sich, selbst wenn man im Grenzfall die Späne mittels besonderer Mühlen in Holzmehl verwandelt, um einen Zerkleinerungsvorgang, der in technologischer Hinsicht noch nicht so weit getrieben ist wie die Zerfaserung des Holzes bei der Faserplatten-Herstellung. Bei letzterer wird nämlich bewußt die chemische Auflösung der Mittellamelle, d. h. die weitgehende Entfernung oder zum mindesten Erweichung des verholzenden Lignins angestrebt und damit eine Faser erzeugt, die als ausgesonderter Grundbestandteil des Vollholzes anzusprechen ist. In den Holzspänen und auch im Holzmehl bleibt der natürliche chemisch-biologische Verband der Holzfasern aber unangetastet, und die Zerkleinerung wird lediglich mit den sehr viel roheren Mitteln mechanischer Scher- oder Quetschwirkung hervorgerufen. Eine Sonderstellung nimmt der Holzschliff ein; durch Schleifen unter reichlicher Wasserzugabe erzeugt, enthält er in den entstehenden Faserbündeln und -flocken zwar noch das verholzende Lignin, ist in seinen morphologischen und sonstigen Eigenschaften jedoch unbedingt den Fasern und nicht den Spänen zuzuzählen. Platten aus Holzschliff oder mit wesentlichem Gehalt davon zählen somit zu den Faserplatten.

Die Bindemittel.

Aus den bisherigen Darlegungen geht bereits hervor, daß eine große Anzahl der vergüteten Hölzer und holzhaltigen Bau- und Werkstoffe unter Verwendung von Bindemitteln hergestellt wird. Diese dienen dazu, die Holzlagen, Holzspäne oder Holzfasern wieder zu festen Körpern zusammenzufügen. Je nach dem Endzweck und dem darauf abgestimmten Fertigungsverfahren (insbesondere der Art des Bindemittels und dem Preßdruck während des Abbindens) enthalten die neuen Werkstoffe mehr oder weniger Bindemittel, sind mit diesen nahezu durchtränkt oder nur oberflächlich damit verkittet und bilden Körper von großer oder geringer Dichte. Auch der Anteil der Bindemittel ist mengenmäßig sehr verschieden. Schon ein flüchtiger Überblick lehrt also, daß die Verhältnisse verwickelt sind, und daß eine Aufnahme der Bindemittel in DIN 4076 nicht einfach wird. Trotzdem konnte davon nicht abgesehen werden, da die Güte der Holzwerkstoffe zu eng mit der Art der Bindemittel zusammenhängt.

Erinnert sei hier nur an den einfachsten Fall, an die Bindung von Furnierplatten. Durch Verwendung neuzeitlicher Kunstharzleime wird nicht nur ausreichende Festigkeit, sondern auch höchstmögliche Wasserbeständigkeit, ja Kochfestigkeit und Fäulnisschutz erreicht. Dies schlägt ins Gegenteil um, wenn Bindemittel auf der Grundlage tierischen Eiweißes verwendet werden. Schichtholz käme als Werkstoff für den Flugzeugbau oder für Gewehrschäfte keinesfalls in Frage, wenn seine wasserfeste Verleimung nicht durch Kunstharzleime verbürgt wäre.

Weniger eindeutig ist die Frage, ob die Bindemittel bezeichnet werden sollen bei den Holzwolleplatten. Hier stand sie bis zu einem gewissen Grade im Streite der Meinungen, einem Streit, in dem auch unsachliche Gründe in den letzten Jahren oft zum Vortrag kamen. Im Interesse der gesamten Leichtbauplatten-Industrie und im Hinblick auf gewisse Vorzüge jedes Bindemittels sowie auf technische Verbesserungen bei einzelnen kam man allmählich überein, gipsgebundene, magnesitgebundene und zementgebundene Holzwolleplatten etwa gleich zu bewerten. Ein Zwang zur Bezeichnung des Bindemittels wurde durch die erste Fassung von DIN 1101 „Leichtbauplatten aus Holzwolle" nicht ausgeübt, vielmehr wurde lediglich gefordert, „daß die Platten keine chemischen Bestandteile enthalten dürfen, die auf andere, üblicherweise mit den Platten in Berührung kommende Bauteile schädlich einwirken". In der Neufassung von DIN 1101 ist die Bezeichnungspflicht für das Bindemittel vorgesehen. DIN 4076 fordert ebenfalls die Angabe des mineralischen Bindemittels, und zwar in der Überzeugung, daß der Verbraucher in der Lage sein muß, sich ein unbedingt stichhaltiges Bild vom Wesen der Bauplatten zu machen. Bis heute war dies keineswegs von vornherein möglich, da beispielsweise gipsgebundene Holzwolleplatten meist durch Rußzusatz dunkelblaugrau gefärbt wurden, so daß sie im äußeren Anblick den magnesitgebundenen Platten zum Verwechseln ähnlich sehen.

Naturgemäß den breitesten Raum nehmen in DIN 4076 unter den Bindemitteln die Leime ein wobei sich die Einteilung in Anlehnung an im Schrifttum wiederholt veröffentlichte Übersichten empfahl. Es folgen also auf die Glutinleime die tierischen Eiweißleime, die Stärkeleime und schließlich die Kunstharzleime. Neben diese 4 Gruppen organischer Bindemittel treten als fünfte Gruppe die anorganischen mineralischen Bindemittel. Aufgenommen wurden allgemein nur die wichtigsten und besonders bewährten Bindemittel, die in großem Umfang wirtschaftlich Verwendung finden. Wird bei der Herstellung von

Bau- oder Werkstoffen ein im Normblatt nicht enthaltenes Bindemittel verarbeitet, so ist es, wie eine Fußnote besagt, besonders zu benennen. Hierunter fallen beispielsweise die vielen Sonderleime, die in den letzten Jahren auf dem Markt erschienen (z. B. Ormyd usw.), Leimmischungen sowie Leime, die nur von einer oder ganz wenigen Firmen ausnahmsweise gebraucht werden (z. B. Kunsthorn).

Zu beachten ist, daß grundsätzlich nur das Bindemittel, nicht aber besondere Zuschläge angegeben werden müssen. Es erübrigt sich somit, konservierende oder die Wasserfestigkeit erhöhende Chemikalien bei den Glutinleimen aufzuführen, ebenso wie bei den Kaseinleimen nur das Kasein, nicht aber das die Abbindung bewirkende Alkali anzugeben ist. Bei den mineralischen Bindemitteln interessiert es nicht, ob dem Gips ein Verzögerer, wie Borax, beigemischt wird, auch ist es unwesentlich, ob das Abbinden des Magnesits durch Chlormagnesium- oder Magnesiumsulfatlauge herbeigeführt wird. Die Verwendung schädlicher Bestandteile verbietet sich aus dem Gütegedanken von selbst und ist bei den Holzwolleplatten, wie oben schon dargelegt, durch DIN 1101 besonders ausgeschlossen. Zusammenfassend ist zu den Bindemitteln zu sagen, daß die beschränkte Liste in der ersten Ausgabe von DIN 4076 bei späteren Neuausgaben des Normblattes mühelos erweitert und den Anforderungen von Wirtschaft und Technik angepaßt werden kann.

Die Holzarten.

Die Aufnahme und Bezeichnung der Holzarten, die Ausgangs- und Rohstoffe für die Werkstoffe nach DIN 4076 sind, in das Normblatt war eine Selbstverständlichkeit. Die Unterteilung in einheimische und ausländische Holzarten, und bei ersteren in Nadelhölzer und Laubhölzer, ergab sich im vorhinein. Es bestand aber Übereinstimmung darüber, daß nur jene Hölzer in die Liste des Normblattes aufgenommen werden sollten, deren Verwendung zu vergüteten Hölzern und zu holzhaltigen Bau- und Werkstoffen bereits in technischem Maßstabe erfolgt. Eine ganze Reihe von Hölzern, darunter Edelhölzer, schied damit aus. Insbesondere kamen auch von den ausländischen Holzarten nur einige wenige für die Aufnahme in DIN 4076 in Frage. Die Kurzzeichen für die Holzarten sollten ähnlich sein wie die bereits in der Forstwirtschaft gebräuchlichen. Nach dem ersten Entwurf einer Kurzzeichenliste durch den Arbeitsausschuß des Normblattes stellte das Institut für Forstliche Arbeitswissenschaft in Eberswalde eine neue wertvolle Arbeitsgrundlage zur Verfügung. Besonders zweckmäßig war dabei die Wahl von einheitlich zwei Buchstaben für einheimische Holzarten, von drei Buchstaben für ausländische Holzarten. Die nunmehr endgültige Zeichenfolge in DIN 4076 entspricht auch weitgehend den vom Reichsforstmeister für die Forsteinrichtungsanstalten herausgegebenen Abkürzungen. Letztere sind lediglich zum Teil noch feiner abgestuft, und zwar nach Standort oder Unterart. Es wird beispielsweise unterschieden zwischen Moorbirke Mbi und Sandbirke Sbi, zwischen Sommerlinde Sli und Winterlinde Wli. Für den Technologen ist diese Unterscheidung entbehrlich, zumal sie der oben anerkannten Regel, daß einheimische Holzarten mit nur zwei Buchstaben abzukürzen sind, widerspricht. Werden in Einzelfällen Holzarten verwendet, die in der Aufstellung fehlen, dann sind diese besonders zu benennen. Ursprünglich ausländische, aber künstlich in Deutschland weit verbreitete und gewerblich genutzte Hölzer, wie Douglasie und Weymouthskiefer, werden zu den einheimischen Hölzern gezählt.

Bezeichnungsform.

Das Normblatt legt fest, daß ein Erzeugnis stets in der Reihenfolge: Werkstoff — bei Platten Dicke — Bindemittel — Holzart — Lagenzahl je cm Normblattnummer zu bezeichnen ist. Die Folge: Bindemittel — Holzart — Lagenzahl hat sich in der Praxis und in der Wissenschaft bereits eingebürgert, erinnert sei nur an die Bezeichnung T-BU 7 für Schichtholz aus Buchenfurnieren mittels Tegofilm verleimt, mit 7 Lagen je cm.

Gewisse Unklarheiten bestanden während der Beratungen einige Zeit darüber, inwieweit der Aufbau der vergüteten Hölzer beschrieben werden soll. Man kam aber überein, daß eine Beschreibung besonders abweichenden Aufbaues die strenge und klare Ordnung des Normblattes nur stören würde. Der normale Aufbau von Furnierplatten für den Flugzeugbau ist durch die einschlägigen Normen DIN L 182 und L 183 bestimmt. Der Aufbau der Tischlerplatten ergibt sich aus den in das Normblatt aufgenommenen Untergruppen: Streifenplatten, Stabplatten und Stäbchenplatten. Man kommt also mit der Anzahl der Lagen je cm in Schicht- und Sternhölzern sowie mit der Plattendicke aus. Dem Gedanken allgemeiner Begriffs- und Güteordnung trägt es Rechnung, daß die Schichtenzahl am fertigen Erzeugnis zu messen ist und damit gleichermaßen bei nichtverdichtetem und bei verdichtetem Schichtholz angegeben werden muß. Vor unbegründeten und überspannten Forderungen schützt ein zulässiger Spielraum von 10 %. Bei Holzspanstoffen und Holzfaserplatten ist die Dicke in mm anzugeben. Während dies bei letzteren schon bisher üblich war, mißt man (wie überall im Bauwesen) die Dicke von Holzwolleplatten in cm. Auch DIN 1101 benutzt diese Maßeinheit. Aus Gründen der Einheitlichkeit werden in DIN 4076 grundsätzlich die Dicken in mm angegeben. Dies mag eine gewisse Umstellung für einige Kreise bedingen, aber es ist vielleicht Anstoß zu einer Regelung dahingehend, daß Dickenabmessungen im technisch-konstruktiven Gebrauch einheitlich nur in mm angegeben werden.

Das Normblatt bringt 4 Beispiele von Bezeichnungsformen. Diese Reihe spricht für sich und ließe sich beliebig erweitern. Die immerhin erhebliche Ersparnis an Worten und Erklärungen zeigt besonders klar das zweite Beispiel. Rohlinge für Türdrücker bestehen aus verdichtetem Lagenholz. Buchenfurniere werden mittels Tegofilm bei parallelem Faserverlauf der Furniere zu Preßschichtholz verarbeitet und durch Biegen geformt. Im fertigen Zustand treffen 17 Lagen auf 1 cm Dicke. Der Drückeraufbau läßt sich nach DIN 4076 eindeutig und verhältnismäßig kurz wie folgt bezeichnen: PSCH-T-BU-17-GEF. Das Zeichen GEF sagt aus, daß der Gegenstand spanlos geformt wurde. Ein ähnliches Kurzzeichen BEW ist dann zu gebrauchen, wenn Lagenholz mit Innen- oder Außenschichten, Holzspanpreßstoffe durch Einlagen bewehrt sind.

Werkstoffbeispiele.

Der große Wert des neuen Normblattes DIN 4076 wird in der Praxis erst dann ganz klar erkannt werden, wenn man versucht, die marktgängigen vergüteten Hölzer und holzhaltigen Bau- und Werkstoffe einmal in den neuen Rahmen einzuordnen und sich einen Überblick über ihre Eigenschaften und Anwendungsmöglichkeiten zu verschaffen. Die vorliegenden Erläuterungen, die auch als Merkheft herausgegeben werden, erfüllen diese Aufgabe und weisen darüber hinaus in alphabetischer Folge die Lieferfirmen aller einschlägigen Erzeugnisse nach. Die Zusammenstellung ist als erste Grundlage aufzufassen. Sie erhebt keinerlei Anspruch auf Vollständigkeit und wird ihren Zweck nur dann erfüllen können, wenn sie seitens der Praxis ergänzt, und soweit erforderlich, verbessert wird. Selbstverständlich können nur deutsche Hersteller genannt werden, deren Erzeugung einen marktfähigen Umfang aufweist.

A. Vollholz.

1. Preßvollholz, das in einer Richtung verdichtet ist (PVH 1), wird im Eisenbahnbetrieb als Zwischenlage zwischen Schienen und Schwellen auf hochbeanspruchten Durchgangsstrecken verwendet. Zum größten Teil handelt es sich um Pappelholz, das durch Pressen verdichtet wurde. Möglich ist auch die Verdichtung durch Walzen oder Schlagen mittels Fallbär. Über alle drei Verfahren und über die Eigenschaften des verdichteten Pappelholzes hat Egner[1] berichtet.

Marktgängig ist Vollholz, das in zwei Richtungen senkrecht zur Faser durch Pressen verdichtet wurde (PVH 2) als Lignostone[1, 2, 3, 4, 5]. Die ursprüngliche Herstellung dieses Erzeugnisses bestand sogar in allseitiger Druckanwendung im Innern eines Autoklaven, der mit einem Preßmedium gefüllt war. Die Lignostone-Erzeugung stützt sich auf eine Reihe von Schutzrechten. Die Eigenschaften des Werkstoffes, der vorherrschend aus Rotbuchenholz erzeugt wird, hängen eng mit dem Verdichtungsgrad, d. h. der Rohwichte (Raumgewicht) zusammen. Zahlentafel 1 gibt darüber Aufschluß.

Die Scherfestigkeit von Lignostone der größten Dichteklasse ist gegenüber unbehandeltem Buchenholz annähernd verdoppelt, Hygroskopizität und Quellung außerordentlich verringert. Verwendung von PVH 2 als Ersatz ausländischer Harthölzer, wie Persimmon, Cornel- und Buchsbaumhölzer für Webschützen; weiter zu Schlagstöcken, Spurlatten, Lagerschalen, Stützfedern, Mühlradzähnen, elektrischen Isolatoren, Gatterführungen, Schneeschuhkanten, Holzhämmern, Beschlägen, Türgriffen usw.

Zahlentafel 1. Mechanische Eigenschaften von

Rohwichte g/cm³	Elastizitätsmodul kg/cm²	Druckfestigkeit ‖ Faser kg/cm²
0,80...0,90	125000...160000	700... 880
0,91...1,10	161000...200000	900...1150
1,11...1,30	201000...245000	1170...1330
1,31...1,45	246000...280000	1350...1450

Hersteller *:

Holzveredelung G. m. b. H. Haren-Ems (Prov. Hannover)
(Lignostone).

2. Verdichtete Furniere (PFU) werden in der Innenarchitektur und zu Werbezwecken verwendet. Herstellung durch Messern oder Schälen und Verpressen mit einer Zelluloselackfolie auf der einen und meist einem dünnen Gewebe auf der anderen Seite.

Hersteller:

Paul Jäger, Stuttgart, Neue Weinsteige 67 B (Kronenfurniere).

3. Formvollholz (FVH), d. h. Vollholz, das ohne besondere Vorbehandlung (wie Dämpfen) bei der Verarbeitung verformt (z. B. gebogen) werden kann, steht im sog. Patentbiegeholz zur Verfügung[1, 5, 6, 7]. Herstellung durch Dämpfen oder Kochen im luftverdünnten Raum und anschließendes Stauchen längs der Faser in einem besonderen Preßfutter, das gleichmäßige Übertragung des Stauchdruckes auf die ganze Länge des Holzstückes sichert. Anwendbar ist das Verfahren auf Laub-, nicht auf Nadelhölzer. Das äußerlich im Gefüge unveränderte Holz läßt

Zahlentafel 2. Elastizitätsmodul von Patentbiegeholz im Vergleich zu unbehandeltem Holz.
(Feuchtigkeitsgehalt 15...20 %.)

Holzart	Rohwichte g/cm³	Elastizitätsmodul kg/cm²	
		Patentbiegeholz	unbehandeltes Holz
Ahorn	0,68	26000	94000
Eiche	0,65	18000	130000
Esche	0,72	24000	134000
Nußbaum . . .	0,67	45000	125000
Rotbuche . . .	0,65	23000	160000
Rüster	0,61	10000	110000

* Der Herstellernachweis erfolgt grundsätzlich in der Reihe: Firmenname, Ort, Name des Erzeugnisses.

Lignostone aus Rotbuchenholz (Mittelwerte).

Druckfestigkeit ⊥ Faser kg/cm²	Zugfestigkeit kg/cm²	Biegefestigkeit kg/cm²	Bruchschlagarbeit mkg/cm²
160... 230	1400...1580	1250...1500	0,80...0,90
240... 400	1600...1850	1520...1980	0,91...1,10
410... 660	1870...2180	2000...2430	1,11...1,35
670...1100	2200...2400	2450...2750	1,36...1,50

sich, vorausgesetzt, daß es nicht zu weit herabgetrocknet ist, mit geringen Kräften ohne Ausschuß kalt biegen. Zum Ausdruck kommt die hervorragende plastische Verformbarkeit am besten im Elastizitätsmodul (Zahlentafel 2). Die Druckfestigkeit längs der Faser wird praktisch kaum verändert, während die Biegefestigkeit des Patentbiegeholzes im Einlieferungszustand nur etwa 30 bis 60% der von gleich schwerem und gleich feuchtem unbehandeltem Holz beträgt. Das gebogene Holz wird (entsprechend verspannt) bei 70 bis 80° getrocknet und behält dann erstarrt seine Form ohne Zurückfedern bei. Verwendung im Möbelbau für geschweifte Formen, im Karosseriebau (Fenstereinfassungen, Eck- und Randleisten), im Flugzeug- und besonders Segelflugzeugbau, für Spielwaren, Gehäuse von Sprechmaschinen, Funkgeräten usw.

Hersteller:

Industrie für Holzverwertung A.-G., Essen-Altenessen (Patentbiegeholz).

4. Tränkvollholz (TVH). DIN 4076 schreibt vor, daß Tränkzweck und Tränkmittel anzugeben sind. Hierfür wird das folgende Schema (S. 18/19) in Vorschlag gebracht, wobei die Anmerkungen zu beachten sind.

B. Lagenholz.

1. Unverdichtetes Lagenholz. In diese Gruppe gehören alle aus Holzfurnieren oder Holzfurnieren und Holzleisten bzw. -stäbchen in einzelnen Lagen zusammengesetzten Erzeugnisse wie Schichtholz, Sperrholz und Sternholz. Eine Sonderstellung nehmen, wie gezeigt wird, die Füllplatten ein. Gemeinsam ist allen Erzeugnissen, daß sie nicht oder nur unwesentlich durch den Preßdruck beim Verleimen verdichtet sind. Demgemäß unterscheidet sich die Rohwichte nicht wesentlich von der des verarbeiteten Rohholzes und darf nach DIN 4076 höchstens 850 kg/m³ betragen.

Tränkzweck und Tränkmittel bei Tränkvollholz.

Tränkzweck*	Tränkmittel**	Werkstoffbeispiel	Schrifttum
A. Veränderung physikalischer Eigenschaften			
1. Erhöhung der Dichte	Mineralische Lösungen (z. B. Kieselsäure)		
	Metallsalzlösungen		
2. Verbesserung der Festigkeit und Härte	Metallschmelzen	Metallholz	5, 8
	Kunstharze (z. B. Phenolformaldehyd-Harze)	Permali, Bois bakélisé	9. 10
3. Verringerung von Hygroskopizität und Quellung	Kohlenwasserstoffe (z. B. Paraffin, Wachse)		1, 5, 11, 12, 13
	Kunstharze.		
	Salz- und Zuckerlösungen		14, 15
4. Verringerung der Reibung (Selbstschmierung)	Kolloidaler Graphit		5
	Metallschmelzen (evtl. nachträgl. Schmiermittel)	Öllose Lager	
	Öle und Fette		
5. Beeinflussung der elektrischen Eigenschaften (Vergrößerung des Ohmschen Widerstandes und der Durchschlagfestigkeit)	Kohlenwasserstoffe (z. B. Paraffin)		
	Kunstharze (Phenolformaldehyd; Phenol, Furfurol+Chlornaphthalin)		
B. Erhöhung der Widerstandsfähigkeit gegen Abbau			
	Schwermetallsalze { Sublimat $HgCl_2$	Kyanisierte Hölzer	
	Chlorzink $ZnCl_2$		
1. Schutz gegen Pilzbefall (Fäulnis)	Kupfersulfat $CuSO_4$	Boucherisierte Stangen	5, 16
	Halogenverbindungen { Fluornatrium NaF		
	Kieselfluornatrium Na_2SiF_6 . .		

	Dinitrophenol- oder -kresolgemische.		Schwellen nach
	Teeröle		Reichsbahn-Vor-
	Sonstige Schutzmittel (z. B. gechlorte Kohlenwasserstoffe)		schrift getränkt
2. Schutz gegen tierische Schädlinge	Arsensalze		
	Teeröl		
	Sonstige Schutzmittel		
3. Schutz gegen Entzündung und Entflammung (Feuer-schutz	Wäßrige Salzlösungen	Ammoniumverbindungen	
		Alkaliverbindungen	
		Erdalkaliverbindungen	
		Metallverbindungen	17
	Wasserglas und Wasserglasmischungen		
	Organische Blasenbildner		
	Sonstige Schutzmittel		

* Die folgende Einteilung ist weder lückenlos, noch lassen sich die bezifferten Untergruppen streng voneinander trennen. Aufgenommen wurden vielmehr nur solche, die praktisch bereits in größerem oder kleinerem Umfang Anwendung finden; häufig wird mit einem bestimmten Tränkzweck noch ein anderer erreicht. Beispielsweise bedingen porenfüllende Tränkmittel in allen Fällen gleichzeitig Erhöhung der Dichte, Verbesserung der Festigkeit und Verringerung der Feuchtigkeitsaufnahme. Bei den Holzschutzmitteln wird Verbundtränkung besonders angestrebt, z. B. Fäulnisschutz + Feuerschutz, oder Fäulnisschutz + Schutz gegen tierische Schädlinge.

** In der Übersicht sind Tränkmittelgruppen angegeben. Gemäß DIN 4076 sind aber die Tränkmittel selbst zu bezeichnen, z. B. bei Metallschmelzen das Metall bzw. die Metalllegierung, bei Kunstharzen z. B. Phenolformaldeyhd oder Phenol, Furfurol + Chlornaphthalin oder Albertol (ein Phenolharz) mit Trichloräthylen als Lösungsmittel, bei Holzschutzmitteln sind, soweit Markenerzeugnisse verwendet werden, diese genau dem Namen nach anzugeben. Auch die Menge des einverleibten Schutzstoffes in kg/m^3 — gegebenenfalls unter Hinweis auf die Vorschrift, nach der bei der Tränkung gearbeitet wurde — ist zu vermerken.

a) Schichtholz (SCH) [1, 18 bis 24] besteht aus Furnieren, die mit parallelem Faserverlauf aufeinandergeschichtet sind. Bis zu 10 % der Gesamtdicke werden als Querschichtung (mit sich rechtwinklig kreuzendem Faserverlauf) zugelassen. Zu Schichtholz verarbeitet werden praktisch fast nur Buchenfurniere, die mit Tegofilm verleimt sind. Die Zerspanung erfolgt ähnlich wie die von trockenem Hartholz; Verleimung ist auf kaltem Wege mit Kauritleim WHK möglich. Vgl. Zahlentafel 3.

Übliche Herstellgrößen für Schichtholz sind: Dicke 6, 10, 16, 25, 40 mm, Breite 400 mm, Länge 1200, 2400 und 4800 mm. Verwendet wird Schichtholz im Flugzeugbau, zur Herstellung hochbeanspruchter Teile (z. B. Knotenplatten) von Hallen, Brücken, Funktürmen, Masten usw., im Fahrzeug- und Schiffbau, zu Sportgeräten, Modellen und Vorrichtungen.

Hersteller:

Erwin Behr, Wendlingen Wttbg., Scharniere und Türdrücker aus PSCH-GEF.

Blomberger Holzindustrie B. Hausmann G. m. b. H., Blomberg (Lippe).

Otto Bosse, Stadthagen/Hann.

J. Brüning & Sohn A.-G., Lüneburg.

Adolf Buddenberg, Bad Driburg i. W.

Forssmanholz A.-G., Elberfeld-Varresbeck.

Joseph Kraus Holzbearbeitung K.-G., Bad Kösen.

Teutoburger Sperrholzwerk G.m.b.H., Pivitsheide b. Detmold.

b) Sperrholz. Um die ungleichen Gebräuche und Bezeichnungen beim deutschen Sperrholz zu beseitigen, wurden von der deutschen Sperrholzindustrie in Zusammenarbeit mit dem Forschungsinstitut für Sperrholz und andere Holzerzeugnisse „Begriffsbestimmungen und Gütebedingungen für Sperrholz" entwickelt, die aber durch neue vom Reichskommissar für die Preisbildung zusammen mit der Fachabteilung Sperrholzindustrie ausgearbeitete Gütebestimmungen für Furnierplatten teilweise überholt sind. In DIN 4076 ist die Sorteneinteilung der Deckfurniere nicht aufgenommen; sie sei aber in diesen Erläuterungen der Vollständigkeit halber erwähnt. Je nach der Beschaffenheit des Holzes und der Verarbeitung unterscheidet man bei Furnierplatten (FU):

a) Die Mittellagen (Innenfurniere) von Furnierplatten der Güteklassen I/II, I/III, I/IV, II/II und II/III dürfen keine Fehler haben, die durch die Außenfurniere sichtbar sind oder

Zahlentafel 3. Festigkeitswerte von Schichtholz (Blomberger Holzindustrie).

Bezeichnung		SCH-T-BU-7	SCH-T-BU-20	SCH-T-BU-40
Furnierdicke	mm	1,50	0,50	0,25
Rohwichte	g/cm³	0,70...**0,76***...0,81	0,74...**0,81**...0,87	0,85...**0,89**...0,94
Feuchtigkeit	%	5...**5,5**...7	5...**6,1**...7,5	6,1...**6,5**...7,0
Elastizitätsmodul (Biegung)	kg/cm²	**150000**	**160000**	**170000**
Schubmodul	kg/cm²	**9200**	**11000**	**12500**
Druckfestigkeit	kg/cm²	720...**840**...880	800...**913**...1050	900...**1010**...1200
Zugfestigkeit	kg/cm²	1000...**1297**...1500	1200...**1512**...1800	1350...**1692**...1980
Biegefestigkeit	kg/cm²	1300...**1510**...1645	1350...**1698**...2000	1450...**1652**...2200
Bruchschlagarbeit	cmkg/cm²	40...87	32...68	25...60
Wechselbiegefestigkeit	kg/cm²	300...400	350...500	375...550
Lochleibefestigkeit	kg/cm²	500...**560**...650	700...**720**...780	800...**850**...950

* Mittelwerte fett gedruckt!

Güteklassen von Furnieren siehe S. 20.

Güteklasse I. Praktisch fehlerfrei, in der Holzfarbe und Maserung zueinander passend. — Von den nachgenannten Fehlerarten darf nur eine vorkommen.

Überseehölzer	Buche	Birke, Erle, Pappel	Fichte, Tanne	Kiefer, Lärche
1. Leichte Holzverfärbung	1. Leichte Holzverfärbung bis $1/_8$ der Fläche	1. Leichte Holzverfärbung bis $1/_8$ der Fläche	1. Leichte Holzverfärbung bis $1/_8$ der Fläche	1. —
2. —	2. Drei gesunde Äste oder Aststellen bis 15 mm $\varnothing$ je m²	2. —	2. Drei einwandfrei ausgebesserte Äste je m²	2. —
3. —	3.	3.	3.	3. —

Vereinzelt vorkommende ausgekittete Randrisse bis $1/_{10}$ der Plattenlänge und 3 mm Breite

Güteklasse II. Kleine Fehler sind gestattet. — Von den nachstehend genannten Fehlerarten dürfen höchstens 3 nebeneinander vorkommen.

Überseehölzer	Buche	Birke, Erle, Pappel	Fichte, Tanne	Kiefer, Lärche
1.	1.	1.	1.	1.

Fugen, die gelegentlich geringe Undichtigkeiten aufweisen

Überseehölzer	Buche	Birke, Erle, Pappel	Fichte, Tanne	Kiefer, Lärche
2. Leichte Farbfehler bis $1/_8$ der Fläche	2. Leichte Farbfehler bis $1/_4$ der Fläche	2. Leichte Holzverfärbung und bis $1/_4$ der Fläche leichte Farbfehler	2. Leichte Farbfehler bis $1/_4$ der Fläche	2. Leichte Farbfehler bis $1/_8$ der Fläche
3.	3.	3.	3.	3.

Punktäste sowie vereinzelt vorkommende Wirbel, Hirnholzstellen und Gallen, letztere auch ausgekittet

4. Vereinzelt vorkommende festverwachsene Äste und Aststellen bis 15 mm ⌀	4. Vier festverwachsene Äste oder Aststellen bis 25 mm ⌀ je m²	4. Vier festverwachsene Äste oder Aststellen bis 25 mm ⌀ je m², die gelegentlich kleine ausgekittete Stellen haben dürfen	4. Vier festverwachsene Äste oder Aststellen bis 25 mm ⌀ je m²	4. —
5. Zwei einwandfrei ausgebesserte Äste oder Risse je m²	5.	5. Einwandfrei ausgebesserte Äste und Risse	5.	5.
6. Vereinzelt vorkommende ausgekittete Randrisse bis $^1/_{10}$ der Plattenlänge und 3 mm Breite	6. Vereinzelt vorkommende ausgekittete Risse bis $^1/_5$ der Plattenlänge und 5 mm Breite	6. Wie Buche	6. Wie Buche	6. Wie Überseehölzer
7. Vereinzelt vorkommende kleine Wurmlöcher	7. —	7. Wie Überseehölzer	7. —	7. —
8. —	8. Geringfügiger Leimdurchschlag	8. —	8. Wie Buche	8. —

Güteklasse III. Größere Fehler sind gestattet. — Von den nachstehend genannten Fehlerarten dürfen bei Überseehölzern höchstens 4, bei den übrigen Holzarten 5 nebeneinander vorkommen.

1. Vereinzelt vorkommende fehlerhafte Fugen	1.	1.	1.	1.
2. Farbfehler	2. Farbfehler	2. Farbfehler	2. Farbfehler	2. Farbfehler

Güteklasse III (Fortsetzung).

Überseehölzer	Buche	Birke, Erle, Pappel	Fichte, Tanne	Kiefer, Lärche
3.	3.	3.	3.	3.
Punktäste, Wirbel, Hirnholzstellen und Gallen, letztere auch ausgekittet				
4. Vereinzelt vorkommende festverwachsene Äste oder Aststellen bis 60 mm ∅	4. Festverwachsene Äste und Aststellen bis 60 mm ∅	4.	4.	4.
		Festverwachsene Äste und Aststellen bis 35 mm ∅		
5. Ausgebesserte Stellen	5. Ausgebesserte Stellen	5. Ausgebesserte Stellen	5. Ausgebesserte Stellen	5. Ausgebesserte Stellen
6. —	6.	6.	6.	6.
	Ausgekittete Astlöcher bis 25 mm ∅ und kleine schwarze Äste		Ausgekittete Astlöcher bis 35 mm ∅ und kleine schwarze Äste	
7.	7.	7.	7.	7.
Risse bis $^1/_5$ der Plattenlänge und 5 mm Breite				
8. Wurmlöcher	8. Wurmlöcher	8. Wurmlöcher	8. Wurmlöcher	8, Wurmlöcher
9. Leimdurchschlag	9. Leimdurchschlag	9. Leimdurchschlag	9. Leimdurchschlag	9. Leimdurchschlag
10.	10.	10.	10.	10.
Rauhe überholzige Stellen				
11.	11.	11.	11.	11.
Überleimer der Mittellagenfugen				

Güteklasse IV. Ohne Güteansprüche.

die Festigkeit der Platten oder deren Verwendungszweck, sofern dieser bekannt ist, beeinträchtigen.

b) Bei den Außenfurnieren gelten einwandfreie Fugen, vereinzelt vorkommende, dichtgeschlossene Randrisse sowie unauffällige, vereinzelt vorkommende Punktäste, kleine Wirbel und kleine Gallen nicht als Fehler.

c) Nach der Art der Außenfurniere und der äußeren Beschaffenheit müssen die Furnierplatten sortiert und gekennzeichnet werden (auf Bestellung angefertigte Zuschnittmasse können partieweise gekennzeichnet werden). Siehe Tafel S. 22 bis 24.

Hersteller*:

Ostpreußen:

A. Bisdom & Zoon G. m. b. H., Memel, FU, TI.

Hans Fechner, Ortelsburg, M (Prussia-Platten).

Krages & Kriete, Königsberg i. Pr., FU, TI.

Ostpreußische Sperrplattenfabrik W. Kraus, Johannisburg, FU, TI.

Sperrholzplattenfabrik Neuhof, Nowy Dwor b. Modlin, FU.

Danzig-Westpreußen:

Reinhold Brambach & Sohn, Danzig, FU, TI.

Ostdeutsches Sperrholzwerk, Bromberg, FU, TI.

Hermann Schilling, Elbing, FU.

Holzindustrie Wittkowsky G. m. b. H., Elbing, FU (Cawit-Platten).

Wartheland:

Holzbearbeitungsfabriken Nußdorf, Nußdorf, Kr. Wreschen, FU, TI.

Sperrholzwerk Ostrowo G. m. b. H., Ostrowo, Reg.-Bez. Posen, FU.

Pommern:

Heinrich Schroeder & Co., G. m. b. H., Kallies, M.

Berlin-Brandenburg:

Furnier- und Sperrholzwerke Francke G. m. b. H., Berlin-Spandau, FU, TI.

Franz Schumann, Küstrin-Neustadt, FU, TI.

Franz Stoltz, Berlin W 9, Potsdamer Platz 3, M.

Nordmark:

A. Bertels, Hamburg-Schenefeld, TI.

Max Heumann, Kremperheide/Holst., FU, TI.

Sperrholzfabrik Lampe G. m. b. H., Hamburg-Fuhlsbüttel, TI.

Holsatia-Werke Heinz Meyer K.-G., Hamburg-Altona, FU, TI.

---

* Um bei der Vielzahl der Hersteller die Übersichtlichkeit zu erhöhen, wurde zunächst nach Bezirksgruppen der Wirtschaftsgruppe Holzverarbeitende Industrie unterteilt; innerhalb dieser Gruppen sind die Hersteller alphabetisch nach dem Namen des Besitzers, Gründers oder dem Firmennamen aufgeführt. Bei Angabe des Fertigungsplanes bedeuten: FU = Furnierplatten, TI = Tischlerplatten, M = Mittellagen.

Otto & Karl Sasse, Wesenberg/Mecklbg., FU, TI.
A. Schütze & Stock, Hamburg 26, FU.
Schweiger & Thiele, Hamburg 27, FU.

Niedersachsen:
J. Brüning & Sohn, A.-G., Lüneburg, FU, TI (Ibus-Platten).
Fritz Emme, Bad Pyrmont, FU.
Holzindustrie Cordingen A.-G., Cordingen, FU, TI (Corda-Platten).
Sperrholzfabrik Otto Gedrath K.-G. Hann.-Münden, FU.
Otto Kreibaum, Lauenstein/Hann., FU, TI.
H. L. Krome, Osterode/Harz, TI.
Albert Mackensen, Osterode/Harz, M.
Wilhelm Mende & Co., vorm. Deutsche Faßfabrik, Teichhütte/Harz, FU, TI.
Gebr. Sasse, Holzminden, FU.
Weser-Sperrholzwerke G. m. b. H., Holzminden, FU, TI.

Westfalen:
Althage & Herbrechtsmeyer, Bünde/Westf., FU, TI.
Kondor Holzwerk K. Baumgart K.-G., Lemgo, TI.
Fritz Becker K.-G., Brakel, Kr. Höxter, FU.
W. Becker, Loose b. Bad Salzuflen, TI.
Gebr. Böker & Menke, Dalhausen, Kr. Höxter, FU.
Westdeutsche Sperrholzwerke Hugo Bresser & Co., Wiedenbrück, FU, TI.
Wilhelm Brockfeld & Söhne, Bünde i. W.-Ennigloh, TI (Wilbro-Platten).
Adolf Buddenberg, Beverungen, FU.
Adolf Buddenberg, Bad Driburg, FU.
W. Döllken & Co. G. m. b. H., Essen-Werden, FU, TI.
Geborn-Sperrholzwerk Gebr. Feuerborn K.-G., Gütersloh, TI.
Forssmanholz A.-G., Elberfeld-Varresbeck, FU.
Max Friederichs, Rheydt, FU.
Gerhard Geenen, Weeze, FU, TI.
Sperrholzwerk Günther G. m. b. H., Bad Salzuflen, FU, TI (Lippina-Platten).
Blomberger Holzindustrie B. Hausmann G. m. b. H., Blomberg/Lippe, FU.
Holle & Co., Lemgo, TI.
Industrie für Holzverwertung A.-G., Essen-Altenessen, FU, TI (Corona-Platten).
Ludwig Koch & Sohn, Laasphe, FU, TI.
Koch & Solle, Horn/Lippe, TI.
Friedrich Kölling, Gohfeld, FU, TI.
Gebr. Künnemeyer, Horn/Lippe, FU.
Gebr. Nehl, Bünde, FU, TI.
H. Rottmann Söhne, Herford, TI.
W. Ruhenstroth G. m. b. H., Gütersloh, FU, TI.
Chr. Sohn Struthfabrik, Betzdorf/Sieg, TI.
Solling-Sperrholzwerk G. m. b. H., Höxter, FU, TI.
Wilhelm Schmalhorst, Herford, TI.
Schweppenstedde & Feuerborn, Wiedenbrück, FU.
Stockmeyer & Diestelkamp, Gütersloh, M.

Teutoburger Sperrholzwerk G. m. b. H., Pivitsheide bei
   Detmold, FU.
Heinrich Winkels Wwe., Viersen, FU, TI.
Franz Wonnemann, Wiedenbrück, FU, TI.

Sudetengau:
  „Testa" Holzindustrie A.-G., Mosern a. E., FU, TI.
Sachsen:
  Otto Grünert, Zwota i. Sa., FU, TI.
  F. Moritz Müller, Leipzig N, FU.
Mitteldeutschland:
  Eichsfelder Sperrholzwerk Hermann Becher, Niederorschel.
    FU, TI.
  Walter Böttcher, Magdeburg, TI.
  Oskar Franke, Tiefenort, M.
  Thür. Sperrholzfabrik der Th. M. G., Ernst Paul Freund,
    Geisa/Rhön, FU.
  Joseph Kraus Holzbearbeitung K.-G., Bad Kösen, FU, TI.
  Sperrholzwerk Thür. Wald, Gebr. Rohde & Seidler, Böhlen,
    FU, TI.
  Hermann Sperschneider, Mengersgereuth-Hämmern, Krs.
    Sonneberg, FU.
  Gustav Schwarz G. m. b. H., Eilenburg, FU.
  Otto Zschögner, Zeulenroda, TI.
Hessen:
  Conrad Deines jr. A.-G., Hanau, FU, TI (Cedag-Platten).
  Gebr. Dichmann A.-G., Kelkheim (Taunus), TI.
  Wilhelm Jung, Brandoberndorf, TI.
  Motorenwerke Obererhammer, Michelstadt, FU.
  Traun-Sperrholzwerk K.-G., Karlshafen, FU.
  C. A. Traxel, K.-G., Hanau, FU (Catrax-Platten).
  Offenbacher Faßfabrik Wilh. Vogler, Offenbach/Main, FU.
Rheinland:
  Andernacher Sperrholzwerk G. m. b. H., Andernach/Rh.,
    FU, TI (Corona-Platten).
  Otto Becher, Remagen/Rh., FU, TI.
  Caspar Breuer, Broichweiden über Aachen, FU, TI.
  Holzindustrie Kümmel & Co., Wittlich, FU.
  Rheinische Sperrholz- und Türenfabrik A.-G., Andernach/Rh.,
    FU, TI (Rhenus-Platten).
  Sperrholzfabrik Siebergsmühle Wagner & Gaa, Ander-
    nach/Rh., TI.
Ostmark:
  Carl Caspers, Säge-, Hobel- u. Sperrholzwerk, St. Pölten, TI.
  Danubius Holzplattenwerk G. m. b. H., Windischgarsten, TI.
  „Gesiba", Wien I, Wallnerstraße 4, FU, TI.
  Klosterneuburger Holzindustrie G. m. b. H., Wien, FU, TI.
  Lourié & Co., Wien X, FU.
  August Sachseneder, Langenlois, FU, TI.
Bayern:
  Gebr. Aicher, Rosenheim, FU, TI.
  Georg Aigner, Schleching, M.
  Sägewerk Weiler, Caspar Deiring, K.-G., Weiler/Allgäu, M.

Albert Engelhard, München, FU, TI.
Gebr. Martin, Passau, M.
August Moralt, Bad Tölz, TI.
Sperrholzwerk Ebersberg, Kurt Rohde, Ebersberg bei München, FU, TI.
G. & A. Salminger, Otterfing, M.
Johann Wissler, Großostheim bei Aschaffenburg, FU, TI (Main-Platten).

Württemberg:

Ettlinger & Weber, Krauchenwies, M.
Robert Fischer, Oberstenfeld, FU, TI.
Furnier- und Sperrholzwerk A.-G., Göppingen-Holzheim, FU, TI.
Schwarzwald Holzindustrie Fr. Herr & Co., K.-G., Birkenfeld, FU, TI.
Chn. Hespeler, Schorndorf, M.
Friedrich Knecht, Ebingen, M.
Jakob Schmid, Holzgerlingen, M.
Fritz G. Wacker, Reichenbach/Fils, M.

Baden:

Josef Anzlinger, Mingelsheim, FU.
Alexander Hoenicke jr., Schluchsee, M.
Philipp Schmitt G. m. b. H., Sandhausen, FU, TI.
Schütte-Lanz-Holzwerke A.-G., Mannheim-Rheinau, FU, TI.

Saarpfalz:

Gustav Kliem, Frankenthal/Pfalz, FU, TI.
Karl Ziegler, Rockenhausen, FU.

α) **Furnierplatten (FU)** bestehen aus mindestens 3 Lagen, DIN 4076 sieht neben der Angabe der Plattendicke und des Leimes nur noch die Bezeichnung der verwendeten Holzarten vor. Bestehen Lagenhölzer aus verschiedenen Holzarten, so sind diese in der Reihenfolge von außen nach innen anzuführen. Keine Vorschriften liegen bisher über die Beschreibung des Aufbaues von Furnierplatten vor.

Die Platten* haben nach dem Pressen die Nenndicke; durch das Schleifen bzw. Abziehen tritt ein Dickenverlust von insgesamt 0,2...0,4 mm auf; um diesen Betrag ist die Enddicke — im Rahmen der Toleranz — geringer. Der Dickenaufbau (ausgedrückt in Dicken der „grünen" Furniere) erfolgt mit einer Zugabe von rd. 10% zur Nenndicke; damit werden auch Trocknungs- und Preßschwund ausgeglichen.

Bei der Wahl der Schäldicken ist man an die Maschinen gebunden. Neuzeitliche Schälmaschinen liefern stets 3 in bestimmtem Verhältnis zueinander stehende Schäldicken, die durch Verstellung eines Zahnradgetriebes schnell erhalten werden und mit dem — nach Möglichkeit — der ganze Bedarf

---

* Die folgenden Ausführungen über den Aufbau von Furnierplatten verdanke ich Herrn Dipl.-Ing. E. Irschick von der Fachabteilung Sperrholzindustrie.

an Schäldicken gedeckt werden sollte (zum mindesten für die gangbaren Plattendicken 4 bis 10 mm).

Die Wahl der geringsten Schäldicke (für Außenfurniere) legt bei der Schnellumschaltung zwangläufig zwei andere Schäldicken (als Innenfurnier) fest.

Für sogenannte „Multiplex‘‘-Platten (d. i. 13 bis 25 mm) werden außerdem noch oft 1 bis 2 größere Schäldicken benutzt.

Das Außenfurnier ist mit Rücksicht auf eine größtmögliche Ausbeute besonders dünn zu halten, jedoch — nach dem Schleifen oder Ziehklingen — nie dünner als 1 mm, um Leimdurchschlag und ein Einsinken über möglichen Rissen der Innenfurniere zu verhüten.

Je größer jedoch die Platte und je brüchiger das Holz ist (z. B. bei Okoumé), desto dicker muß das Außenfurnier sein. Für „Multiplex‘‘-Platten wählt man das Außenfurnier mindestens 2 mm dick. Unter sehr dünnen Außenfurnieren (z. B. 1,2 mm) vermeide man sehr dicke Innenfurniere (z. B. 3 und 4 mm), sofern diese nicht ast- und rißfrei sind oder gut schließende Fugen haben, da andernfalls Gefahr besteht, daß die Decks über offenen Stellen der Innenfurniere einsinken.

Das Bestreben, den Aufbau mit möglichst wenig Schäldicken zu bewältigen, führt mitunter dazu, in gerader Furnieranzahl zu schichten, indem man meist die innerste Furnierlage aus zwei gleichlaufenden zusammensetzt. Der Mehrverbrauch an Leim in diesem Falle ist gegenüber der Vermeidung einer sonst notwendig werdenden neuen Furnierdicke durchaus gerechtfertigt. Je weniger Schäldicken, um so einfacher ist der Betrieb und um so kleiner wird das Furnierlager.

Da der Plattenaufbau sehr unterschiedlich ist, werden in vielen Fällen nähere Angaben unerläßlich sein. Es erscheint ratsam, daß sich die Herstellfirmen an das Schema gemäß Zahlentafel 4 halten, das sich bei größeren

Zahlentafel 4. Beispiel für den Aufbau von 3- bis 5fach verleimten Furnierplatten verschiedener Dicke.

der Platten	Dicke mm					Furnierzahl
	der einzelnen Furniere					
(3)*		1,1	1,1	1,1		
4		1,6	1,6	1,6		
5		1,6	2,2	1,6		3
6		1,6	3,2	1,6		
8	1,6	1,6	2,2	1,6	1,6	
10	1,6	2,2	3,2	2,2	1,6	5
12	1,6	3,2	3,2	3,2	1,6	

* 3 mm dicke Platten werden in Deutschland praktisch nicht hergestellt.

Werken bereits sehr gut bewährt hat, und das nicht nur über den Umfang ihres Fertigungsplanes, sondern auch über die Beschaffenheit der einzelnen Platten sehr genau Aufschluß gibt.

Durch die einschlägigen Untersuchungen der letzten Jahre ist klar erwiesen, daß die Güte von Furnierplatten, insbesondere von Flugzeugsperrholz, in bezug auf Festigkeit, Gleichmäßigkeit und Wasserfestigkeit außer von der Holzart und Schichtung hauptsächlich vom Bindemittel abhängt. Die Verwendung neuzeitlicher Kunstharzleime an Stelle der früher üblichen organischen Bindemittel war deshalb unerläßlich. Bei der Vielzahl der möglichen Sorten von Furnierplatten nach Aufbau und Holzart ist es unmöglich, eine auch nur einigermaßen erschöpfende Übersicht über ihre Festigkeit zu geben; Zahlentafel 5 bringt

Zahlentafel 5. Festigkeit von Flugzeug-

Holzart	Rotbuche			
Verleimung	3fach			
Plattendicke. . . . . mm	0,8	1,2	1,5	2,0
Zugfestigkeit . . . . kg/cm²				
längs + quer	1890	1580	1500	1500
diagonal	520	390	330	310
Elastizitätsmodul $\cdot\, 10^{-3}$ . . . kg/cm²				
längs	121			
quer	63			
diagonal	37			
Scherfestigkeit . . . . kg/cm²				
längs	233			
quer	283			
diagonal	485			

deshalb lediglich ausschnittweise die Festigkeit besonders gängiger Flugzeug-Furnierplatten.

Die Bindefestigkeit der Leimfuge betrug bei dem 1,2 mm dicken dreifach verleimten Rotbuchensperrholz in Zahlentafel 5 trocken 56 kg/cm², naß 44 kg/cm², bei dem 1,2 mm dicken dreifach verleimten Birkensperrholz trocken 49 kg/cm², naß 40 kg/cm². Diese Zahlen liegen weit über den Gütebedingungen für das Sperrholzgütezeichen, die bei Furnierplatten folgende Leimfestigkeit im Mittel aus 9 Einzelmessungen (wobei die Einzelwerte das Mittel um nicht mehr als 5. v. H. unterschreiten dürfen) vorschreiben:

Alle Furnierplatten in lufttrockenem Zustand . 20 kg/cm²
feuchtfeste Furnierplatten nach 48stündiger Einlagerung in kaltem Wasser . . . . 7,5 „

wasserfeste Furnierplatten nach 96 stündiger Einlagerung in kaltem Wasser . . . . 15,0 kg/cm²
kochfeste Furnierplatten nach 1 stündigem Kochen
in nassem Zustand . . . . 10,0 ,,
nach Wiederantrocknen innerhalb 72 Stunden 15,0 ,,

Im Schrifttum[1, 5, 21, 25 bis 31] finden sich viele weitere Angaben über die Festigkeit von Furnierplatten bei verschiedenem Aufbau. Auch Häufigkeitskurven dafür, sowie Mitteilungen über die Bindefestigkeit der Leime in trockenem oder nassem Zustande, über die Feuchtigkeitsaufnahme, Quellung, die Biegefestigkeit usw. liegen zahlreich vor.

Für Furnierplatten gelten nach DIN 4078 die in Zahlentafel 6 enthaltenen Abmessungen.

Furnierplatten (bei 8% Feuchtigkeit).

Rotbuche				Birke			
5 fach				3 fach			
0,8	1,2	1,5	2,0	0,8	1,2	1,5	2,0
—	1920	1820	1960	1880	1920	1850	1720
—	470	530	460	470	390	320	400
	118				128		
	72				71		
	37				29		
	295				215		
	312				230		
	591				345		

Werden die Abmessungen bezeichnet, so gilt die Reihenfolge Dicke in mm × Länge in cm × Breite in cm, also

Zahlentafel 6. Abmessungen von Furnierplatten nach DIN 4078.

Dicken in mm zul. Abw.		Länge* zul. Abw.		Breite zul. Abw.		
± 0,4 mm	± 0,5 mm	± 5 mm		± 5 mm		
4	5 6 8 10 12 15	170		100	122	152,5
		183	91,5	Für andere Arbeiten		
		200	100	sind die Zahlenwerte		
		220	110	der Spalte Länge zu		
		250	122	entnehmen.		
		275	137,5			
		305	152,5			

* Furnierplatten aus europäischem Holz werden nur bis 220 cm Höchstlänge hergestellt.

beispielsweise für eine 6 mm dicke Furnierplatte von
200 cm Länge und 122 cm Breite: FU 6 × 200 × 122
DIN 4078.

Für Flugzeugsperrholz greift man auf die Sondernormen DIN L 182 Sperrholzplatten, Birke, und DIN L 183
Sperrholzplatten, Buche, zurück, deren wichtigste Angaben in Zahlentafel 7 zusammengestellt sind.

Zahlentafel 7. Abmessungen, Lagenzahl und Gewichte
von Flugzeugsperrholz nach DIN L 182 und 183.

| Dicke | | Mindestzahl der Lagen | | Plattengewicht kg/m² | |
Nennmaß mm	zul. Abw. mm	Birke	Buche	Birke	Buche
0,6	± 0,06		3	0,6	
0,8	± 0,08			0,75	
1	± 0,1	3		0,9	
1,2	± 0,12			1,05	
1,5	± 0,15			1,25	
2	± 0,2		5	1,6	
2,5	± 0,2			2	
3	± 0,2			2,4	2,4
4	± 0,25	5		3	3,2
5	± 0,25			3,7	4
6	± 0,3		7	4,5	4,8
8	± 0,4	7		6	6,4
10	± 0,5				8
12	± 0,6		9		9,6
14	± 0,6				11,2
16	± 0,6		11		12,8

Für Sonderzwecke werden Furnierplatten auch mit
Blechen oder Eternitplatten (Xylotekt) bewehrt. Nach
DIN 4076 ist in diesem Falle der Zusatz BEW = bewehrt
erforderlich; gleichzeitig soll die Art der Bewehrung näher
angegeben werden, z. B. einseitig oder zweiseitig, außen
mit Schwarzblech, Aluminium-, Kupfer-, Messingblech
usw. Auch Platten mit Metallinnenlagen, z. B. Bleiblech
als Schutz gegen die Durchdringung mit Röntgenstrahlen,
werden hergestellt. Bekannt ist derartiges Sperrholz unter
dem Namen Panzerholz[32, 33]; es vereinigt die hohe Elastizität des Holzes mit der großen Festigkeit des Metalls.
Besonders hervorzuheben ist hohe Sicherheit gegen Einbeulen. Ferner sind zu erwähnen der Schutz gegen Quellung, mechanische Beschädigung und Insektenfraß. Die
Bearbeitung erfolgt ähnlich wie die von Sperrholz. Ver-

wendung zu Gehäusen, bei denen elektrische Abschirmwirkung verlangt wird, zu Kühlschränken, im Flugzeug-, Waggon- und Schiffbau.

Hersteller:

Rheinische Sperrholz- und Türenfabrik A.-G., Andernach a. Rh., Metalla-Platten.

C. A. Traxel K.-G., Hanau a. M.

β) Tischlerplatten (TI). Für alle in Deutschland hergestellten Tischlerplatten aus inländischen und ausländischen Hölzern jeder Art gelten die in DIN 4078 verankerten Bemessungsvorschriften (Zahlentafel 8). Neben

Zahlentafel 8. Preßmaße von Tischlerplatten.

Dicke in mm zul. Abw.* ± 0,5 mm	Länge ** zul. Abw. ± 5 mm	Breite zul. Abw. ± 5 mm
13		
16		
19		
22	152,5	350
25	170	450
28	183	470
		510
32		
38		
45		

* Der Dickenunterschied innerhalb einer Platte darf höchstens 0,5 mm betragen.

** Die Länge wird parallel dem Faserverlauf der äußeren Deckfurniere gemessen; daher ergeben sich teilweise kürzere Längen als Breiten.

diesen Preßmaßen sieht DIN 4078 für Tischlerplatten noch Möbelmaße vor, die eine wirtschaftliche und sparsame Verwendung des Sperrholzes für Schrankseiten und Schranktüren, für Kopf- und Fußteile von Bettstellen sowie für Tischplatten gestatten.

Die Bedingungen des Sperrholz-Gütezeichens legen weiterhin bezüglich der Festigkeiten die nachstehenden Zahlen fest:

1. Leimfestigkeit aller Tischlerplatten in lufttrockenem Zustand . . . . 15 kg/cm²

feuchtfeste Tischlerplatten nach 48 stündiger Lagerung in kaltem Wasser . . . . 5 ,,

wasserfeste Tischlerplatten nach 96 stündiger Lagerung in kaltem Wasser . . . . 10 ,,

2. Biegefestigkeit in jeder Richtung . . . . 80 ,,

c) Sternholz (SN). Sternholz umfaßt alle Furnierplatten, in denen die Furniere der einzelnen Lagen so

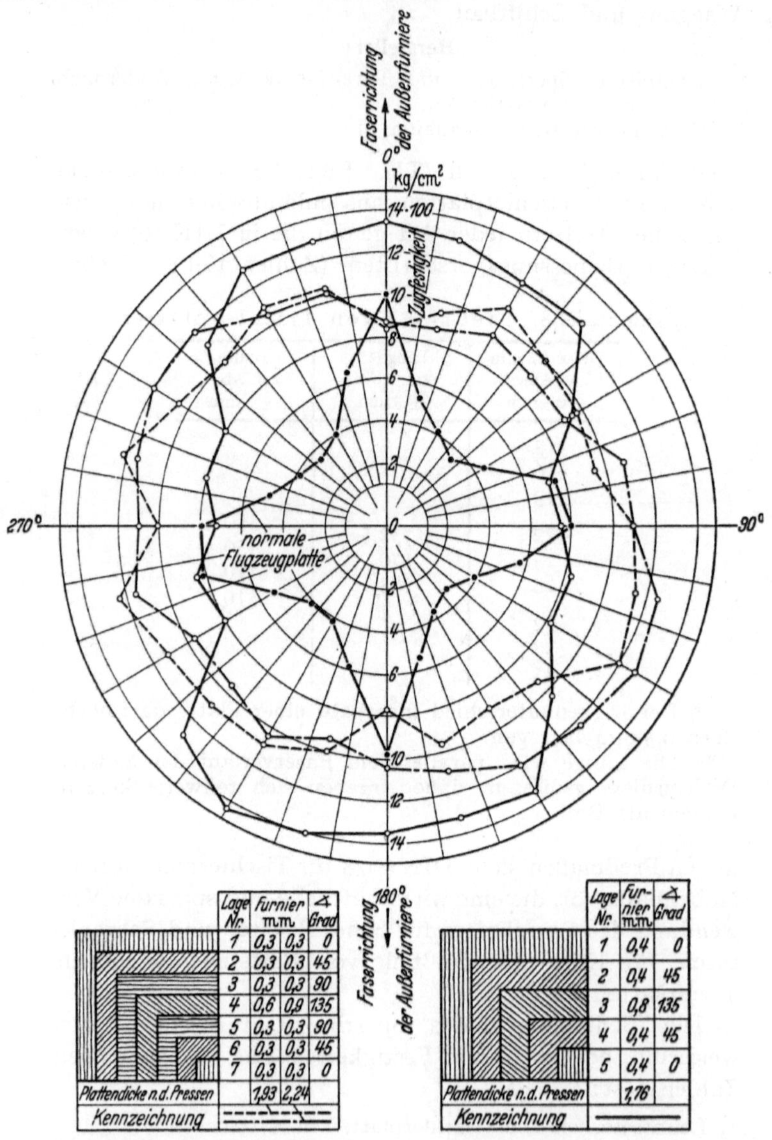

Lage Nr.	furnier m.m.		⊿ Grad
1	0,3	0,3	0
2	0,3	0,3	45
3	0,3	0,3	90
4	0,6	0,9	135
5	0,3	0,3	90
6	0,3	0,3	45
7	0,3	0,3	0
Plattendicke n.d. Pressen	1,93	2,24	
Kennzeichnung			

Lage Nr.	furnier m.m.	⊿ Grad
1	0,4	0
2	0,4	45
3	0,8	135
4	0,4	45
5	0,4	0
Plattendicke n.d. Pressen	1,76	
Kennzeichnung		

Bild 1. Zugfestigkeit von Sternholz im Vergleich zu einer nor-
malen Flugzeugplatte (nach Bittner u. Klotz).

geschichtet sind, daß die Faserrichtungen einen Stern bilden. Der Zweck ist Ausgleich der Festigkeitseigenschaf-

ten, insbesondere des Unterschiedes zwischen Längs- und Querzugfestigkeit. Dieser Zweck wird um so besser erreicht, je größer bei gleicher Gesamtplattendicke die Lagenzahl ist, d. h. je mehr Strahlen die Sterne haben. Im Polardiagramm läßt sich diese Entwicklung sehr anschaulich darstellen (Bild 1). Solche Schaubilder zeigen auch, wie weit man es in der Hand hat, die Eigenschaften der Platten zu beeinflussen. Es ist klar, daß Sternplatten für die verarbeitende Industrie sehr erhebliche Vorteile mit sich bringen: Infolge ihrer Gleichmäßigkeit und der Unabhängigkeit der Festigkeit von der Faserrichtung lassen sie sich fast wie Blech verarbeiten. Dies gilt insbesondere auch für die weitestgehende Ausnützung aller — selbst kleinster — Abfälle. Anderseits sind die Platten wesentlich teurer, da ihre Erzeugung schwieriger und verlustreicher ist als die normaler Furnierplatten. Marktgängig ist heute nur Sternholz in verdichtetem Zustand (Preß-Sternholz).

d) **Füllplatten (FL).** Zu dieser Gruppe zählen alle Platten, die im Innern nicht aus Furnieren oder aus Streifen- bzw. Stäbchen-Mittellagen bestehen, sondern aus Füllmassen oder Well-, Waben-, Gitterkonstruktionen u. dgl. Auch Mittellagen allein, die nach den letzterwähnten Gesichtspunkten hergestellt sind, gehören hierher. Die Abgrenzung der Füllplatten gegen die Holzspandämmplatten ist keine scharfe. Der leitende Gedanke bei der Erfindung solcher Füllplatten ist stets die Verwertung von Holzabfällen, gegebenenfalls noch die Gewichtsersparnis. Hinsichtlich Standvermögen bei Einwirkung von Feuchtigkeit sowie hinsichtlich Festigkeit können sie mit den Sperrplatten nicht in Wettbewerb treten. Trotzdem wurden in Einzelfällen schon beachtliche Güteeigenschaften erzielt. Bei der Auswahl für bestimmte Gebrauchszwecke ist trotzdem die Vorlage von Prüfungszeugnissen anerkannter Materialprüfungsanstalten unerläßlich. Die Entwicklung ist, im ganzen gesehen, noch im Fluß, so daß die folgende Liste von Herstellern keineswegs als lückenlos anzusehen ist.

Hersteller * :

Hugo Aurig G. m. b. H., Engelsdorf bei Leipzig, Warega-Platte (aus Wellpappe hergestellt),

---

* Da unter dem Sammelbegriff Füllplatten außerordentlich verschiedenartige Erzeugnisse zu verstehen sind, wird nach Möglichkeit bei den einzelnen Herstellfirmen das Erzeugnis mit Stichworten beschrieben.

Holzwerke Hansa, Hans Fleischmann, Einbeck/Hann., Platten aus Fräs- und Hobelspänen, Altpapier und Holzschliff.

I. G.-Farbenindustrie A.-G. Ludwigshafen a. Rh., Infasin-Platten aus Sägespänen.

Salzburger Wellholzwerk Simanke & Co., Werk Niederorschel (Büro Worbis/E., Wilhelm-Straße 7), Wabenkonstruktion aus 2 mm gewelltem Furnierband,

Fr. Schumann, Sperrholzfabrik, Küstrin-Neustadt, Mittellagen und Bauplatten aus Sägespänen und Gips bzw. Kaurit.

2. Verdichtetes Lagenholz (Preßlagenholz). Die Erzeugnisse dieser Gruppe unterscheiden sich von den gewöhnlichen Lagenhölzern durch die Anwendung eines erhöhten Preßdruckes bei der Herstellung. Während bei letzteren der Druck absichtlich so niedrig gehalten wird, daß im wesentlichen nur das Abbinden der Leimfugen ermöglicht und lediglich nebensächlich eine geringfügige, praktisch unmerkliche Verdichtung erreicht wird, wird bei ersteren eine starke bleibende Verdichtung (auf Rohwichten bis 1400 kg/m³) herbeigeführt. Angeregt wurde die Entwicklung hierzu durch die Preßstoffindustrie, insbesondere durch die bekannten geschichteten Preßstoffe: Hartgewebe und Hartpapier. Die mit ihnen gemachten herstell- und verbrauchstechnischen Erfahrungen legten den Versuch nahe, an Stelle von Geweben, Papier und Pappe den Rohstoff in seiner ursprünglichen Form, d. h. als Holzfurnier, zu schichten. Heute werden fast ausschließlich Rotbuchenschälfurniere als Harzträger und Phenol- oder Kresol-Formaldehydharze als Tränk- und Bindemittel verarbeitet. Durch die innige Verbindung von Holz und Kunstharz bei gleichzeitiger starker Verdichtung des Holzgefüges entsteht ein neuer Werkstoff von hoher Dichte, gleichmäßigem Aufbau, großer Festigkeit, hoher Härte, ausgezeichneter Verschleißfestigkeit, geringer Quellung und geringer Brennbarkeit. Preßdrücke von etwa 200 kg/cm² haben sich als besonders günstig in bezug auf die Verbesserung der Eigenschaften erwiesen. Umfassende Forschungen und Betriebsversuche ergaben, daß mit dem Harzgehalt die Härte und Druckfestigkeit sowie in freilich geringerem Umfang auch die Trägheit gegen Quellung und chemische Anfressung anwachsen, daß sich aber gleichzeitig die dynamischen Eigenschaften (Bruchschlagarbeit und Kerbzähigkeit), bezogen auf das Gewicht, verschlechtern. Obwohl wir auch hier noch nicht am Ende der Entwicklung stehen, läßt sich sagen,

daß etwa 8 bis 12% Harzgehalt sich als zweckmäßig erwiesen hat. Bei weniger als 8% Harz federn die Furniere nach dem Pressen unter Umständen zurück. Dieser Wert wurde deshalb im Neuentwurf von DIN 7701 (Kunstharzpreßstoffe) als Mindestgehalt von „Kunstharzpreßholz" vorgeschrieben. Dieses unter Federführung des Fachausschusses für Kunst- und Preßstoffe des VDI herausgebrachte Normblatt legt die technischen Mindestwerte für geschichtete Kunstharzpreßhölzer gemäß Zahlentafel 9 fest. Für die technische Anwendung der Preßlagenhölzer lassen sich etwa folgende Richtlinien[34] geben:

a) **Preß-Schichtholz (PSCH)**, nach DIN 7701 Klasse A mit Furnieren in parallel verlaufender Faserrichtung (parallel geschichtet). Aus herstelltechnischen Gründen können 10 bis 15% der Furniere quergeschichtet sein, um ein Auseinandersprengen beim Preßvorgang zu vermeiden. Preßschichtholz besitzt eine sehr hohe Zugfestigkeit längs der Faser, hohe Biegefestigkeit sowie gute Bruchschlagarbeit quer zur Faser. Beispiel Lignofol L (Zahlentafel 10), OBO-BZ-Festholz (Zahlentafel 11). Eignung[35] zu Trägern im Flugzeugbau und Hochbau, zu Luftschrauben, Schlägern, Schützen für Webstühle.

b) **Preß-Sperrholz (PSP)**, nach DIN 7701 Klasse B, mit abwechselnd längs- und quergeschichteten Furnieren. Zweck der Schränkung ist Ausgleich der Längs- und Querfestigkeit. Beispiel: Lignofol L 90 (Zahlentafel 10), OBO-N-Festholz (Zahlentafel 11), Eignung[34, 35, 36] zu Zieh-, Druck- und Preßwerkzeugen (Gesenken), für die spanlose Verformung von Leichtmetallblechen im Flugzeug-, Karosserie- und Waggonbau, zu Vorrichtungen aller Art, Lehren, Schablonen.

c) **Preß-Sternholz (PSN)**, nach DIN 7701 Klasse C, mit sternförmiger Schichtung der Furniere. Faserwinkel zwischen zwei aufeinander folgenden Furnierlagen 30° bis herauf zu 15°. Beispiel: Lignofol Z (Zahlentafel 10), OBO-Z-Festholz (Zahlentafel 11). Verwendung[37, 38, 39] fast ausschließlich zu Zahnrädern, Ritzeln, Riemen- und Keilriemenscheiben.

Hersteller:

Otto Bosse, Stadthagen/Hannover (OBO-Festholz).
Dynamit A.-G., vorm. A. Nobel, Troisdorf (Lignofol).

Zahlentafel 9. Technische Mindestwerte für geschichtete Kunstharzpreßhölzer.

Klasse und Rohwichte-Gruppe des Kunstharzpreßholzes	Klasse A (parallel geschichtete Furniere)		Klasse B (senkrecht geschichtete Furniere)		Klasse C (sternförmig geschichtete Furniere)	
	Gruppe 1 Rohwichte über 1,25 g/cm³	Gruppe 2 Rohwichte 1,1…1,25 g/cm³	Gruppe 1 Rohwichte über 1,25 g/cm³	Gruppe 2 Rohwichte 1,1…1,25 g/cm³	Gruppe 1 Rohwichte über 1,25 g/cm³	Gruppe 2 Rohwichte 1,1…1,25 g/cm³
Druckfestigkeit kg/cm² . . . . ⊥ Schicht	1300	1100	2800	2400	2000	1800
‖ Schicht	1100*	1000*	1200	850	1100	800
Zugfestigkeit kg/cm²	2000*	1600*	1200	1000	1050	800
Biegefestigkeit kg/cm² . . . . ⊥ Schicht	2500**	1800**	1800	1250	1700	1200
‖ Schicht	—	—	1600	1150	1550	1100
E-Modul · 10^{-3} kg/cm² aus Biegung . . . . . . ⊥ Schicht	190**	180**	125	110	100	80
Kugeldruckhärte nach VDE kg/cm² 10/500/60 . ⊥ Schicht	2000	1000	1600	1000	1600	900
Bruchschlagarbeit cmkg/cm² . . . . ⊥ Schicht	50**	40**	35	25	28	20
‖ Schicht	40**	30**	25	20	22	15
Kerbzähigkeit cmkg/cm² . . . . ⊥ Schicht	40**	35**	30	18	25	15
‖ Schicht	30**	25**	20	15	15	12
Dauerbiegefestigkeit kg/cm² . . . . ⊥ Schicht	500**	370**	400	350	380	320
‖ Schicht	—	—	320	250	300	220
Höchste Wasseraufnahme in % des Normalgewichts						
nach 1 Tag	5	—	5	—	6,5	—
nach 4 Tagen	7	—	7	—	9,5	—
nach 7 Tagen	8	—	8	—	10,5	—
Wärmebeständigkeit nach Martens °C	120	100	120	100	120	100

* Kraftangriff in der Hauptfaserrichtung.   ** Kraftangriff senkrecht zu den Fasern.

Zahlentafel 10. Festigkeitswerte und Quellung von Lignofol.

Art des Preßlagenholzes, Markenbezeichnung		PSCH-Lignofol L		PSP-Lignofol L 90		PSN-Lignofol Z	
Beanspruchung zur Schicht		$\perp$	$\parallel$	$\perp$	$\parallel$	$\perp$	$\parallel$
Rohwichte	g/cm³	1,405		1,416		1,399	
Druckfestigkeit	kg/cm²	1424	1184	3156	1699	2858	1392
Zugfestigkeit	kg/cm²						
Querschnitt 5 × 25 mm		2330		1163		1055	
Querschnitt 10 × 10 mm		2661	2502	1553	1474	1332	966
Biegefestigkeit	kg/cm²	3425	3299	2006	2053	2037	1625
Kugeldruckhärte nach VDE	kg/cm²						
nach 10 min		1559	1517	1599	1590	1615	1567
nach 60 min		1493	1460	1530	1523	1545	1545
Spaltfestigkeit nach VDE	kg		328		343		342
Bruchschlagarbeit	cmkg/cm²	87,3	68,94	44,96	25,53	50,94	25,03
Kerbzähigkeit	cmkg/cm²	81,22	64,14	43,98	20,67	50,51	22,90
Wasseraufnahme							
(Stäbe liegend herausgearbeitet)		in %	mg/100 cm²	in %	mg/100 cm²	in %	mg/100 cm²
nach 1 Tag		5,16	2060	6,61	2605	10,63	4510
nach 4 Tagen		9,46	3747	13,94	5493	19,82	7673
nach 7 Tagen		12,52	4786	17,44	6820	22,95	7928
(Stäbe stehend herausgearbeitet)							
nach 1 Tag		3,28	1561	3,37	1345	4,82	1879
nach 4 Tagen		11,54	4693	12,57	4968	17,01	6667
nach 7 Tagen		16,21	6428	18,26	6641	19,61	8039

Zahlentafel 11. Festigkeitswerte

Art des Preßlagenholzes, Markenbezeichnung

Beanspruchung zur Schicht . . . .
Druckfestigkeit . . . . .kg/cm²
Zugfestigkeit . . . . .kg/cm²
Biegefestigkeit* . . . . .kg/cm²
Elastizitätsmodul .kg/cm²
Kugeldruckhärte .kg/cm²
Bruchschlagarbeit . . . . cmkg/cm²
Kerbzähigkeit . . . . cmkg/cm²
Spaltfestigkeit nach VDE . . . . .kg
Wasseraufnahme in % des Gew. nach 4 Tagen . . . .

* Dauerbiegefestigkeit etwa 25…30%

C. Holzspanstoffe.

1. **Holzwolleplatten (HWP)**. Leichtbauplatten aus Holzwolle und mineralischen Bindemitteln haben sich ein weites Feld im Bauwesen erobert[40, 41, 42]. Von ihren vielen Vorzügen sind nur einige herauszugreifen: geringes Gewicht, damit guter Wärmeschutz, Verarbeitung im Trockenbau, Großflächigkeit, leichte Teilbarkeit durch Sägen, Nagelbarkeit, großer Widerstand gegen Fäulnis und Entflammung. Der hohe Entwicklungsstand kommt auch darin zum Ausdruck, daß für Abmessungen, Gewichte und Güteeigenschaften ein verbindliches Normblatt (DIN 1101) ausgearbeitet werden konnte. Zahlentafel 12 bringt die wesentlichen darin enthaltenen Zahlenwerte.

Platten mit 75 und 100 mm Dicke sind häufig aus dünneren Platten zusammengeklebt. Weiter wurden bereits Platten entwickelt, deren Mittelschichten aus Hobelspänen der holzverarbeitenden Industrie bestehen. Hierin liegt eine begrüßenswerte Abfallverwertung, jedoch ist darauf zu achten, daß die Güteeigenschaften nicht verschlechtert werden. Festigkeitssteigerung der Holzwolleplatten wird von einigen Herstellern auch durch Bewehrung mit Einlagen (bzw. Holzstäben) angestrebt; tatsächlich steigt hierdurch die Biegefestigkeit — berechnet nach der Navierschen Formel — auf 30 bis 40 kg/cm². Allerdings erfordern Leisteneinlagen einen besonderen Feuerschutz, da sie bei Bränden in den Platten nachglimmen.

Die Prüfverfahren müssen im Normblatt nachgelesen werden. Nach der in Vorbereitung befindlichen Neufassung von DIN 1101 muß auf normgerechten Platten, die das DIN-Zeichen erhalten, auch das Bindemittel angegeben und Quellung von OBO-Festholz.

PSCH-OBO-BZ		PSP-OBO-N		PSN-OBO-Z	
$\perp$	$\parallel$	$\perp$	$\parallel$	$\perp$	$\parallel$
1 400	1 500	2 800	1 300	3 000	1 300
—	2 200	—	1 200	—	1 100
2 800	2 700	1 600	1 600	1 800	1 500
200 000	200 000	125 000	125 000	100 000	100 000
1 700	—	2 000	—	2 200	—
60	45	30	18	33	18
50	40	26	10	28	10
—	280	—	280	—	280
8		6		7	

der statischen Biegefestigkeit.

sein. Es gelten in Übereinstimmung mit DIN 4076 die folgenden Abkürzungen: G = Gips, M = Magnesit, Z = Zement. Auf die Verwendungsmöglichkeiten der Holzwolleplatten kann im einzelnen nicht eingegangen werden; hier müssen Stichworte genügen: Dämmung von Holzbalkendecken, Massivdecken, von Dächern, Balken- und

Zahlentafel 12. Abmessungen, Gewichte und Eigenschaften von Holzwolleplatten nach DIN 1101.

Länge cm *	Breite cm	Dicke cm **	Gewicht ***				Biegefestigkeit mindestens kg/cm²	Zusammendrückbarkeit bei 3 kg/cm² Belastung höchstens	Wärmeleitzahl λ 20 bei lufttrockenen Platten mit Rohwichten bis zu 460 kg/m³
zulässige Abweichungen ± 5 mm	zulässige Abweichungen ± 5 mm	zulässige Abweichungen + 3 mm − 2 mm	Plattengewicht kg/m²		Rohwichte kg/m³				
			einschichtig	mehrschichtig	einschichtig	mehrschichtig			
200	50	1,5	8,5	—	570	—	17	15 % der festgestellten Dicke	— †
		2,5	11,5	—	460	—	10		$\leq 0,08$
		3,5	14,5	—	415	—	7		kcal
		5,0	19,5	—	390	—	5		$\overline{\text{mh}°}$
		7,5	28,0	36	375	480	4		
		10,0	36,0	44	360	440	4		

* Bis zu 2 % der gelieferten Platten dürfen kürzer sein.

** Zu beachten ist, daß nach DIN 4076 die Dicken in mm anzugeben sind.

*** Das Durchschnittsgewicht darf die angegebenen Gewichte um nicht mehr als 10 % überschreiten; einzelne Platten dürfen bis zu 20 % schwerer sein. Gewichtsabweichungen nach unten sind nicht begrenzt.

† Die 1,5 cm dicke Platte braucht dem Wert 0,08 nicht zu entsprechen.

Terrassendächern, Ställen, Kühlhäusern, Kühlwagen;
Ausbau von Dachböden; raumakustische, schallschluckende
Verkleidungen; Trockenlegung und Dämmung feuchter
Massivwände; Verwendung bei Umfassungs- und Zwischen-
wänden. Bei den letztgenannten Verwendungsgebieten
ist im Auge zu behalten, daß die Holzwolleplatten nicht
der Einsparung von Ziegelsteinen dienen dürfen, sondern
der Ersparnis von Bauholz (z. B. in Form von Schal-
brettern) oder anderer hochwertiger Baustoffe.

Hersteller:

Ostpreußen:

Richard Anders G. m. b. H., Ortelsburg (Ostpr.) (Trotekt).
H. Penner, Inh. Ing. O. Penner, Christburg (Ostpr.), Rosen-
berger-Str. 14 (Hapec).

Pommern:

Stettiner Portland-Cement-Fabrik, Züllchow (Pom.), Adolf-
Hitler-Str. 34—36 (Lossius).

Berlin-Brandenburg:

Lignolith-Fabrik Gebrüder Fischer, Berlin-Weißensee, Ber-
liner Allee 158a (Lignolith).
Klimalit-Leichtbauplattenfabrik M. Menard, Berlin-Span-
dau, Nieder-Neuendorfer Allee 6—11 (Klimalit).
Konrad Reich K.-G., Frankfurt (Oder), Grenadier-Str. 11c
(Frankotekt).
Lenzener Leichtbauplattenfabrik Paul Renner & Co., K.-G.,
Lenzen (Elbe), Am Bahnhof (Lenzolith).

Nordmark:

Hapri-Leichtbauplattenwerk Herbert Prignitz, Hamburg-
Billbrock, Liebig-Str. 43 (Hapri).
Heinrich Fuß, Bremen-Mahndorf, Ansgaritor-Str. 22 (Hin-
colith).

Niedersachsen Braunschweig:

Torfoleum-Werke Eduard Dyckerhoff, Poggenhagen bei
Neustadt a. Rübenberge (Torfotekt).
Eugen Gaßmann, Wulfsen bei Lüneburg.
Reichswerke A.-G. für Erzbergbau und Eisenhütten „Her-
mann Göring" Abt. Steine und Erden Kalkwerk Salder,
Salder über Wolfenbüttel (Saalith).
Jürgens II & Co., K.-G., Stadtoldendorf/Hann.
Triangeler Torf- und Leichtbauplattenwerk H. Koehler,
Triangel Kr. Gifhorn (Isodiele).
Heinrich F. Meyer, Hannover, Davenstedter-Str. 132 (Ceban).
Portland-Zementwerk A.-G. Schwanebeck, Misburg b. Han-
nover (Saalith).
Roddewig & Co., Badenhausen Post Herzberg a. H.
Thermolith-Leichtbauplatten- u. Holzwollefabrik, Rode-
wig & Meyer, Ronnenberg b. Hann. (Thermolith).
Wunstorfer Cementindustrie G. m. b. H., Wunstorf/Hann.
Gipswerke Stadtoldendorf und Ellrich Dr. Würth, Stadt-
oldendorf/Hann., Hopp-Str. 30 (Erulit).

Westfalen:

Heinrich Bastian, Steinheim (Westf.).

Heinrich Beckmann, Hagen-Haspe, In der Gewecke.

Leichtsteinindustrie Wilhelm Bruchmüller, Bielefeld, Am Stadtholz 80a (Bielei).

Westfälische Leichtbaudielen, Bußberg & Hapke, Brackwede (Westf.), Siekernbrock.

August Diestelkamp, Künsebeck b. Halle (Westf.) Haus Nr. 31 (Diro).

Wilhelm Günner, Bokel b. Halle (Westf.).

August Hölling, Hiltrup (Westf.), Albrechtsheide 308 (Isozell).

Heinrich Hülsmann, Steinhagen (Westf.) (Hühna).

Johannesmann & Hardiek, Leichtbauplatten, Steinhagen (Westf.), Nr. 314.

Fritz Köppe, Bielefeld, Voltmannstr. 117 (Triko-Leichtbaudiele).

Silna Leichtbauplatten Wilhelm Nabel, Bauingenieur, Hagen (Westf.), Eckeseyer-Str. 112 (Silna).

Profi-Leichtbauplatten, Jos. Nold, Gelsenkirchen, Ferdinand-Str. 10 (Profi).

A. Növer Wwe., Hiddingsel b. Münster i. W., Dorf-Str. 6—7 (Novalith).

Gelsenkirchener Zementwarenfabrik Ostermann & Co. A.-G., Gelsenkirchen-Rotthausen, Wilhagen 131 (Gelso).

Ravensberger Leichtbaudielenfabrik Hch. Otto, Künsebeck Krs. Halle (Westf.).

Padelith-Leichtbauplattenfabrik Franz & Josef Padberg, Eslohe (Sauerland) (Padelith).

Portland-Zement-Werke „Ilse" G. m. b. H., Dortmund, Saarland-Str. 4 (Ilse).

Rhein.-Westf. Zellenbetonwerke G. m. b. H., Dortmund, Rheinische-Str. 173 (Recozell).

Herbert Ricke, Bielefeld, Schloßhof-Str. 73a.

Gebrüder Risse & Osterholt G. m. b. H., Belecke (Möhne) (Riosit).

Heinrich Silligmüller, Witten-Annen, Erlenweg 20.

Weser-Leichtbauplattenwerke Wilh. Strothmann, Amshausen b. Steinhagen (Westf.) (Weser).

Wever & Feldmann, Sandrup 70 ü. Münster 2 i. W. (Westfalia).

Sudetengau:

Durobeton G. m. b. H., Komotau, Fleischbankgasse 17 (Dorotherm).

Hekolith-Leichtbauplattenfabrik Dr.-Ing. H. Detzner & A. Erdmann, Aussig (Elbe), Hans-Knirsch-Str. 17 (Hekolith).

Gustav Kandler, Ziegelwerk, Jägerndorf, Türmitzer-Str. 51 (Geka).

Chemische Fabrik Dr. F. Münchmeyer, Komotau (Lignalith).

A. Wunderlich & Cie., Betonsteinwerk u. Leichtbauplatten, Saaz, Brüxer Str. 32 (Termith).

Schlesien:

Christoph & Unmack A.-G., Niesky O.-L. (Christoph).

Eichmann & Co., Arnau (Elbe), Bahnhof-Str. 266 (Arbolit).

Gotthold Eissner, Oberlausitzer Leichtbauplattenwerk, Schirgiswalde b. Wernsdorf O.-L., Hindenburg-Str.

J. Grötschel & Söhne, Branitz O.S.

John & Co., Bauma-Bauplatten, Breslau-Kl.-Gandau, Post Schmiedefeld, Flughafenstr. (Bauma).

Bergverwaltung Friedland Ing. Adolf Oplatek, Friedland a. d. Mohra (Altvater) (Lignolith).

C. & G. Reger, Liegnitz, Wiesen-Str. 4 (Reger).

Portland-Zementfabriks A.-G. „Schakowa", Schakowa O.S. (Seprema).

Holzindustrie Max Weihönig, Adelsdorf Nr. 99, Post Freiwaldau.

Sachsen:

Günther-Werke Ad. Günther & Söhne, Dresden N 15 (ABC).

Huste & Liebe, Löbau (Sa.), Weißenberger-Str. (Huka).

Albert Kampe, Chem.-techn. Fabrik, Dresden-Lockwitz, Alt-Lockwitz 38 (Kagolith).

A. Rost, Leichtbauplatten, Löbau (Sa.), Kirchweg 1 (Rost-Bauplatte).

Hans Wölfel & Co., Gärten ü. Schönlinde (Sa.).

Mitteldeutschland:

Euling & Mack K.G., Nordhausen, Bahnhof-Str. 16 (Ufeul).

Kuno Ernst Fröhlich, Krölpa ü. Pößneck (Krölpalit).

Halsa-Platte G.m.b.H., Angersdorf ü. Halle a. d. S. (Halsa).

Hilmar Heubach, Holzwolle- u. Leichtbauplattenfabrik, Langewiesen (Thür.), Oberweg 9 (HH-Platte).

Bitterfelder Leichtbauplattenfabrik Inh. E. Kissner, Bitterfeld, Bismarck-Str. 41.

Isolei-Leichtbauplattenfabrik A. Leistner & Söhne, Schmölln (Thür.), Hermann-Str. 15 (Isolei).

A. & F. Probst, Gips- und Gipsdielenfabriken G. m. b. H., Niedersachswerfen a. H.

Adolf Schmidt, Erlau (Thür.) (Erlemith).

O. Zimmermann, Erfurt, Heckerstieg 1 (Izett).

Hessen:

Leichtbauplattenwerk Erdalith Karl Cloos & Co., Erda b. Wetzlar, Hauptstr. 91 c (Erdalith).

P. G. Gerharz Baugeschäft, Arzbach b. Bad Ems, Haupt-Str. 3 (Westerwälder Leichtbauplatte).

J. Mrosek, Frankfurter Leichtbauplatten, Frankfurt (Main), Schmickstr. 51 (Frankfurter Leichtbauplatte).

Rheinland:

Fr. Jos. Amrath, Viersen (Rhld.), Eichen-Str. 121 (Isalith).

Deutsche Holz-Beton-Werke, Düsseldorf-Reisholz, Kappelerhof (DHB).

Leichtbauplattenfabrik „Eifel". Inh.: Gebr. Gross, Olef ü. Schleiden, Schleidener-Str. 51 b (Eifel-Platte).

Essener Leichtbauplatten-Fabrik Inh.: A. Grünewald, Essen-Borbeck, Fürstenberg-Str. 42.

P. Wilh. Heil, Leichtbauplatten-Fabrik, Wuppertal-Ober-
barmen, Weiher-Str. 13 (Holwolith).
Fr. Kemler, Duisburg-Meiderich, Borkhofer-Str. 41 b.
Karl Nietmann KG., vorm. Chem. Fabriken Worms A.-G.,
Worms (Rhein), Rheingewannweg 10 (Trotekt).
Koblenzer Leichtbauplattenfabrik Schäfer & Co., Koblenz,
Hohenzollern-Str. 30—32.
Reinhard Schwartner, Köln-Mülheim, Buchheimer-Str. 61,
Hansa-Haus (Schwartnerplatte).
Temperata-Leichtbauplattenfabrik, Köln-Braunsfeld, Stol-
berger-Str. 376 (Temperata).
Leichtbauplattenwerk Ümano, Inh.: Anton Uehmann, Köln-
Höhenberg, Germania-Str. 92 (Ümano).
Leichtbauplattenfabrik Müllershammer, Franz Vaders, Mül-
lershammer Post Blumenthal (Eifel) (MH-Leichtbau-
platte).
Wormatia-Leichtbauplattenfabrik G. m. b. H., Worms
(Rhein), Hafen-Str. 34 (Wormatia).
Rheinland-Leichtbauplatten Hans Zimmermann, Köln-
Bickendorf, Subbelrather-Str. 454 (Rheinland).

Ostmark:
Leichtbauplattenfabrik W. Bitschnau K.-G., Lustenau
(Vorarlberg) (Edastit u. Albo).
Primanit-Leichtbauplattenwerke, Gleiss Post Rosenau am
Sonntagsberg N.D., Bezirks-Str. (Primanit).

Bayern:
Leichtbauplattenfabrik A. Alig, Kahl (Main), Krotzen-
burger Str. 31 (Pakalith).
Annawerk A.G., Oeslau b. Coburg (Recozell).
Benkerith-Werk, Stein a. d. Traun (Benkerith).
Leichtbauplattenfabrik Karl Schneider Inh. Robert Cacek,
Kahl (Main), Forst-Str. 1.
Deutsche Heraklith A.G., München 1, Schließfach 22
(Heraklith).
Hans Fischer Baugeschäft, Gunzenhausen, Hensolt-Str. 13.
Oberpfälzer Leichtbauplattenwerke (Gebr. Grothaus, Neu-
mühle b. Amberg (Opf.).
Josef Kaiser, Leichtbauplatten- und Sägewerk, Weilheim
(Obb.), Wessobrunner Str. (Karrolith).
Klug, K.-G., Duralith-Leichtbauplatten, Mömlingen (Mfr.),
Adolf-Hitler-Str. 10 a (Duralith).
Augusta-Leichtbauplatten Erich Krichbach Augsburg, Holz-
bach-Str. $2^1/_2$ (Augusta).
Österreichische Magnesit A.G., München 1, Schließfach 120
(Heraklith).
M. Reichenberger, Piding b. Bad Reichenhall (Ideal).
Reis & Gensler, Laufach (Spessart) (Glorialith).
Karl Spenger, Tegernsee, Bahnhof-Str. 90.
Max Schraut, Leichtbauplattenfabrik, München 56, Äußere
Rosenheimer-Str. 62 (Bimalit).
Hans Schuler, München-Pasing, Münchner-Str. 84/86.
E. Schwenk Zement- und Steinwerke, Ulm (Donau), Hin-
denburgring 11—15 (Schwenk).

Württemberg:

Friedrich Fischer, Leichtbauplattenfabrik, Neckarsulm, Fabrik-Str. 2—4 (FF.-Leichtbauplatte) (Hobelspäne, Holzwolle, Zement, Einlage von Ausschuß-Latten).

Frisalit-Leichtbauplattenfabrik Friz & Co., Satteldorf (Württ.) (Frisalit).

H. O. Mack G. m. b. H., Schwäb. Hall-Hessenthal (Homalith).

A. & F. Probst G. m. b. H., Inh.: A. Probst, Schwäb. Hall-Hessental (Dämmolith).

Gebrüder Queck Zementwarenfabrik O. H., Tübingen-Lustenau, Welzenwieter-Str. 9.

Tekton- und Sägewerk A.G., Siglingen (Württ.) (Tekton u. Torfotekt).

Eugen Traub, Weinsberg Krs. Heilbronn, Schwab-Str. 36 bis 38.

Baden:

Albert Gebhardt, Gips- u. Gipsdielenfabriken, Tiengen (Oberrh.), Postschließfach 39 (Citolith).

Stabilith-Leichtbauplattenfabrik Adolf Bauer, Haslach i. K. (Stabilith).

Saarpfalz:

Lignolith-Fabrik Fischer & Co., Ludwigshafen, Hafenstr. 13 (Lignolith).

Karl Krell, Leichtbauplattenfabrik, Sembach (Pfalz).

Storr & Kaysing G. m. b. H., Leichtbauplattengeschäft, Ludwigshafen, Industrie-Str. 20 (Eskalith).

2. Holzspan-Preßstoffe. Diese Werkstoffgruppe hat ihre Wurzel in dem Bestreben der Holzabfallverwertung. Dabei wurden Sägespäne, teilweise auch zerkleinerte Hobelspäne (gegebenenfalls nach Zusatz anderer Füllstoffe wie Holzteile von Einjahrespflanzen, Torf, Rindenfasern usw.) mit geeigneten Bindemitteln zu Platten, Balken oder Formstücken verpreßt. Bei den Holzspandämmplatten sowie bei den Balken, Dielen, Dübelsteinen, Formlingen usw. herrschen anorganische Bindemittel wie Gips, Magnesit und Zement vor. Aber auch organische Bindemittel, z. B. Blutalbumin, Sojabohnenmehl, Kunstharze, Bitumen usw. sind mehrfach vorgeschlagen und verwendet worden. Die Zahl der patentrechtlich geschützten und der zum freien Gebrauch veröffentlichten Vorschläge ist sehr groß. Die industrielle Erzeugung hat nichtsdestoweniger bisher überall nur örtliche Bedeutung erlangen können; meist handelt es sich um Nebenbetriebe von holzverarbeitenden Werken, die ihre Abfälle verwerten und in einem beschränkten Bezirk absetzen. Bezüglich

der Herstellverfahren und der Eigenschaften der Holzspandämmplatten sowie der aus Holzspänen mit Bindemitteln erzeugten Balken, Dielen, Dübelsteinen usw. muß
auf das Schrifttum verwiesen werden, das sich freilich
auf Auszüge von Patentschriften, Gebrauchsmuster-
beschreibungen und kurzen Mitteilungen in der Baupresse
(z. B. Baumarkt) und den holzwirtschaftlichen Tages-
zeitungen beschränkt.

Hersteller:

a) Holzspandämmplatten (HSD):

Aschaffenburger Zellstoffwerke A.-G., Berlin W 62, Kur-
fürsten-Str. 114 (Benzinger).

Chemische Fabrik Beringer, Inh. Werner Beringer, Sachsenhausen b. Oranienburg (Organit).

F. D. Bieber & Söhne, Hamburg-Billstedt, Raterbrücken-
weg 9 (Naturit).

E. Darms & Co., Königsberg i. Pr., Domnauer-Str. 16,
(1000 × 330 × 50 cm) aus Sägespänen, Hanf- und Flachs-
schäben mit Zementbindung, hergestellt (DRP. Carl
Fabritz & Co. K.-G., Königsberg i. Pr., Ottokar-Str. 23)
(Holbeto-Platte).

Baustoffwerk Ehring & Co. K.-G., Luckenwalde, Potsdamer-
Str. 2—3 (Ehring-Granitholz-Platte).

Lothar Gramelspacher, Grunnern (Brsg.) ü. Mülheim (Bad.)
(Holzabfälle, Zement) (Grampalith).

Korksteinfabrik A.-G. vorm. Kleiner & Bokmayer A.-G.,
Wien XXIV, Mödling. Cellit-Dämmplatte aus Sägespänen
und Altpapier mit Bitumenbindung, Kabe-Platten aus
Sägespänen, Kieselgur und Mörtel.

Fritz Mögle, Wien XX, Handelskai 50.

Neu- und Sparbauweise Vertriebs-G. m. b. H., Beuthen
(O.S.), Vollmar-Holzbetonplatten (3 RT Holzspäne 1 RT
Zement).

Karl Friedrich Sikler, Waiblingen, Innere Weidach 11 (Sik-
ler-Diele).

„Surol"-Baumaterialien-G. m. b. H., Wien X/75, Triester-
Str. 8 (Surol).

b) Balken, Dielen, Dübelsteine, Formlinge (HSF):

Aschaffenburger Zellstoffwerke A.-G., Berlin W 62, Kur-
fürsten-Str. 114, Benzinger Mineralholz (Dreischichten-
platten, -tafeln, -riemen aus Säge-, Hobel- und Schäl-
spänen mit mineralischem Bindemittel). Auskunft: A. u.
H. Benzinger, Karlsruhe, Oos-Str. 3.

Chemische Fabrik Beringer, Sachsenhausen b. Oranienburg,
Organit, Fußbodenbindemittel, Mauersteine aus Säge-
spänen, anderen organischen Füllstoffen und Zement
(Auskunft: Rich. Koch, Berlin-Tempelhof, Kaiser-Str. 1).

Fritz Birnbräuer, Baden-Baden, Hermannstr. 2a, Dübelsteine 250 × 120 × 65 mm (Doloment).

Baustoffwerk Ehring & Co. K.-G., Luckenwalde, Potsdamer-
Str. 2—3.

Ernst Finzel & Co. K.-G. Köln-Braunsfeld, Burtscheider-Str. 2.

Moritz Götzl, Lauterwasser (Rsgb.) (Rukolith).

Wilh. Grütering K.-G., Essen, Ziegel-Str. 6—10, Kubalit-Balken, Wegelith-Holzfaserbetonbalken.

A. Hagemeister, Berlin W 30, Speyerer-Str. 24/25, Sagulit-Bodenplatten aus Sägespänen mit besonderem Bindemittel.

Mozer & Co., Baustoffwerk, Reutlingen, Storlach-Str. 1, Mozer-Hartdielen, wie Steinholz hergestellt, mit eingekitteten Holzleisten.

Fritz Rücker, Weinsheim b. Worms, Tonestrichplatte aus Ziegelbruch, Säge- und Hobelspänen (Auskunft: Ing. Rud. Gerlach, Berlin-Lankwitz).

Deutsche Xylolith-Platten-Fabrik Otto Sening & Co., G. m. b. H., Freital 1-Dresden. Platten aus Holzmehl, Magnesit und anderen Zusätzen, hydraulisch verpreßt für Fußböden, Stufen, Kanalabdämmungen.

Conr. Segnitz, Baugesellschaft, Beuthen O.-S., Linden-Str. 38, Kunstholzbalken.

H. F. Sikler, Waiblingen, Innere Weidach 1/1, Sikler-Dielen aus Sägespänen und Zement mit eingelegten Holzleisten.

W. Schlichting, Liebenthal, Bz. Liegnitz, Scobilith-Leichtbausteine aus Sägespänen und Zement (250 × 120 × 80 mm).

H. A. Schuster, Berlin W 15, Pariser-Str. 23, Contrasonit-Estrichplatten aus Sägespänen, 35 mm dick.

Strauß & Ruff K.-G., Kottbus, Dübelsteine aus Sägespänen und Zement.

Tetzner & Wieler, Rumburg-Oberhennersdorf, AR-TE-Platte.

Unter den Holzspanhartplatten (HSH) nimmt das Pek-Preßholz einen bevorzugten Platz ein, da es bereits seit Jahren in großindustriellem Maßstabe erzeugt wird und vorzügliche Eigenschaften besitzt (Zahlentafel 13). Das

Zahlentafel 13.
Festigkeitseigenschaften von Pek-Preßholz.

Sorte	Rohwichte kg/m³	Elastizitätsmodul kg/cm²	Druckfestigkeit kg/cm²	Zugfestigkeit kg/cm²	Biegefestigkeit kg/cm²
I		27 000	—	—	119…143…160
II	1060…1170	55 000	—	238	230
III		74 000	∥ 460 ⊥ 1100	270	482…570…652

Pek-Preßholz wird in Plattenform hergestellt, und zwar vorherrschend im Format 2 × 3 m. Die Dicke beträgt bei Sorte I 4 mm, bei den Sorten II bis III kann sie zwischen 6 und 25 mm, je nach Verlangen, liegen.

Hersteller:

Bauplattner K.-G., Neuß-Grimlinghausen a. Rh. (Hartplatten aus 40% Sägespänen, 16% Rindenschälspäne,
27% Fangstoff aus der Papierfabrikation, 13% Altpapier,
4% Bindemittel).

Westdeutsche Sperrholzwerke Hugo Bresser & Co., Wiedenbrück i. W.

Friedrich & Co., Rohrbach bei Pinkafeld, Steiermark.

Torfit-Werke G. A. Haseke, Hemelingen bei Bremen, Pek-
Preßholz.

Säge-, Hobel- und Elektrowerk F. Haßlacher, Wetzmann,
Post Kötschach, Kärnten.

Hertal-Preßstoffe, Dr. K. Peschek, Wien XX, Brigittenauer-
lände 166, Hertal-Platte.

3. Holzspan-Massen. Unter Holzspan-Massen sind
im Gegensatz zu den Holzspan-Preßstoffen Massen zu verstehen, die in flüssigem, teigigem oder stark plastischem
Zustand verarbeitet und geformt werden und erst an-
schließend erhärten. Hierher gehört z. B. Steinholz, aber
auch Holzzement, soweit diese Massen nicht zu Baukörpern
geformt, sondern an Ort und Stelle des Gebrauchs in
nassem Zustand erzeugt werden. Begriffe, Dicke, Eigenschaften und Prüfverfahren von Steinholz sind festgelegt
in DIN 272; Vorschriften für die Lieferung und Prüfung
von kaustischer Magnesia (Magnesit) für Steinholz gibt
DIN 273. Über die Herstellung und Eigenschaften liegt
ein bedeutendes Schrifttum [43 bis 52] vor.

Hersteller:

Bei der Vielzahl der Steinholz- und Holzzement-Hersteller,
zu denen hauptsächlich kleine Betriebe und handwerkliche
Unternehmer gehören, ist ein Nachweis von Einzelfirmen un-
zweckmäßig und würde außerdem zu weit führen. Es werden
deshalb nur die Anschriften jener Dienststellen der Fachgruppe
Baunebengewerbe im Reichsinnungsverband des Baugewerkes
nachgewiesen, die sich mit Steinholz befassen und geeignete
Anschriften von Herstellern auf Anfrage mitteilen.

A. Zentrale Dienststelle:

Hauptgeschäftsstelle: Berlin-Charlottenburg 9, Frankenallee 7
bis 9. Fernruf: Sammelnummer 93 65 31.

Leiter der Fachuntergruppe Steinholz: Paul Schlicke,
Chemnitz, Fritz-Reuterstr. 40—42. Fernruf: 27241/43.

B. Bezirkliche Dienststellen:

Ostpreußen:

Bezirksstelle: Königsberg i. Pr. 4, Straße der SA 79. Fernruf: 35564/65.

Leiter der Fachuntergruppe Steinholz: Paul Gildemeister,
Sensburg/Ostpr., Adolf-Hitler-Str. 56. Fernruf: 536.

4

Danzig-Westpreußen:
Bezirksstelle: Danzig, Hundegasse 67/68. Fernruf: 45175.

Wartheland:
Bezirksstelle: Posen, Leo-Schlageter-Str. 23. Fernruf 1478.

Leiter der Fachuntergruppe Steinholz: vorgesehen: E van Beek, Litzmannstadt, Moltke-Str. 106. Fernruf 137-89.

Geschäftsstelle Litzmannstadt: Litzmannstadt, Hermann-Göring-Str. 13, W. 6. Fernruf 114 78.

Pommern:
Bezirksstelle: Stettin, Schiller-Str. 11. Fernruf 211 78.

Leiter der Fachuntergruppe Steinholz: Berthold Mittelstädt, Stettin, Mackensenstr. 41. Fernruf 24381.

Berlin-Brandenburg:
Bezirksstelle: Berlin W 9, Köthener-Str. 38. Fernruf 196501.

Leiter der Fachuntergruppe Steinholz: Emil Boldt, Berlin-Steglitz, Südend-Str. 48. Fernruf 7211 33.

Nordmark:
Bezirksstelle: Hamburg 13, Alte Raben-Str. 32. Fernruf 44 82 54/56.

Leiter der Fachuntergruppe Steinholz: Ing. Franz Köhler, i. Fa. Held & Höppner, Hamburg 24, Barca-Str. 8. Fernruf 25 15 54.

Geschäftsstelle Kiel: Kiel, Ring-Str. 52—54. Fernruf 5900/01.

Niedersachsen:
Bezirksstelle: Bremen, Hollerallee 43. Fernruf 47 943.

Leiter der Fachuntergruppe Steinholz: Steinholzleger Theodor Freese, Bremen, Bremerhavener-Str. 300. Fernruf 82338.

Geschäftsstelle Hannover: Hannover, Warmbüchen-Str. 21.

Westfalen-Niederrhein:
Bezirksstelle: Essen, Baedeker-Str. 21. Fernruf 35647/48/49.

Leiter der Fachuntergruppe Steinholz: Gustav Arnholdt, Langenberg, Rhld., Haupt-Str. 126. Fernruf 451.

Geschäftsstelle Minden-Ravensberg-Lippe: Bielefeld, Obern-Str. 48. Fernruf 3352/53.

Geschäftsstelle Münsterland: Münster i. W., König-Str. 56/57. Fernruf 232 57.

Geschäftsstelle Siegerland-Sauerland-Wittgenstein: Olpe i. W., Martin-Str. 10. Fernruf 391.

Sudetengau:
Bezirksstelle: Karlsbad, Dr. David-Becher-Pl. 11. Fernruf 2815.

Leiter der Fachuntergruppe Steinholz: Franz Figara, Gablonz a. d. N., Feldgasse 14 b. Fernruf 3396.

Schlesien:
Bezirksstelle: Breslau I, Sand-Str. 10. Fernruf 54987.

Leiter der Fachuntergruppe Steinholz: Arthur Schubert, i. Fa. David & Schubert, Breslau 10, Matthias-Str. 209. Fernruf 43 344 od. (privat) 41008.

Geschäftsstelle Kattowitz: Kattowitz, Höfer-Str. 3. Fernruf 30336.

S a c h s e n :
  Bezirksstelle: Dresden-A. 20, Wiener-Str. 43. Fernruf 42240, 43340.
  Leiter der Fachuntergruppe Steinholz: Paul Schlicke, Chemnitz, Fritz-Reuter-Str. 40—42. Fernruf 27241/43.

M i t t e l d e u t s c h l a n d :
  Bezirksstelle: Halle a. d. S., Steinweg 2, I. Fernruf 21968.

H e s s e n :
  Bezirksstelle: Kassel, Hohenzollern-Str. 26. Fernruf 36631/32.
  Leiter der Fachuntergruppe Steinholz: Hans Topf, Kassel, Wilhelmshöhe, Wilhelmshöher-Allee 268. Fernruf 30885.
  Geschäftsstelle Frankfurt a. M.: Frankfurt a. M., Kaiser-Str. 31. Fernruf 32817.

R h e i n l a n d :
  Bezirksstelle: Köln, Friesenplatz 16. Fernruf: 58766/67.

O s t m a r k
  Bezirksstelle: Wien I, Rathaus-Str. 21. Fernruf B 42-2-30, B 42-2-34.
  Leiter der Fachuntergruppe Steinholz: Heinz Kriwanek, Wien XII/87, Werthenburgg. 3a. Fernruf R 30-1-64.

B a y e r n :
  Bezirksstelle: München 15, Sonnen-Str. 24, II. Fernruf 51347.
  Leiter der Fachuntergruppe Steinholz: Ing. Rudolf Schleicher, München 25, Boschetsrieder-Str. 123. Fernruf 72100.
  Geschäftsstelle Augsburg: Augsburg, Anna-Str. 12. Fernruf 5903.
  Geschäftsstelle Nürnberg: Nürnberg-A., Vordere Ledergasse 28 bis 30. Fernruf 23010.
  Geschäftsstelle Regensburg: Regensburg, Weißenbg.-Str. 5a, II. Fernruf 5714.
  Geschäftsstelle Würzburg: Würzburg, Crevenna-Str. 3. Fernruf 4542.

W ü r t t e m b e r g :
  Bezirksstelle: Stuttgart-S., Hohenzollern-Str. 25. Fernruf 74540, 74549.
  Leiter der Fachuntergruppe Steinholz: Eugen Käser, Stuttgart-Bad Cannstatt, Wiesbadener-Str. 56. Fernruf 50020.

B a d e n :
  Bezirksstelle: Baden-Baden, Eisenbahn-Str. 19. Fernruf 838.
  Leiter der Fachuntergruppe Steinholz: Steinholzlegermstr. Felix Bran, Pforzheim, Zähringer Allee 24. Fernruf 5066.
  Geschäftsstelle Freiburg: Freiburg i. Br., Landsknecht-Str. 3. Fernruf 2846.
  Geschäftsstelle Mannheim: Mannheim, Nuit-Str. 3. Fernruf 27802.

Westmark:

Bezirksstelle: Kaiserslautern, Pirmasenser-Str. 28. Fernruf 952.

Leiter der Fachuntergruppe Steinholz: Wilhelm Fischer, Ludwigshafen a. Rh., Hafen-Str. 23. Fernruf 60054.

Geschäftsstelle Saarland: Saarbrücken 3, Königin-Luisen-Str. 33. Fernruf 20555.

Geschäftsstelle Metz: Metz, Lothr., Hermann-Göring-Str. 1. Fernruf 81.

Flüssige Holzspanmassen (Knetholz) mit überwiegend organischen Bindemitteln werden als „flüssiges Holz" oder „Holzkitt" hergestellt und dienen zum Ausbessern von schadhaften Stellen, Rissen, Löchern usw. in der Tischlerei. Bei Zusatz von Gerb- und Farbstoffen entstehen auch Holzmassen, die nach dem Erhärten beizbar sind.

Hersteller:

Rudol-Fabrik H. Hagemeier, Leipzig O 27 (Plastisches Holz).
C. Heydenhoff, Berlin SO 16 (Lignozement).
I. G. Farbenindustrie A.-G., Frankfurt a. M. 20 (Lignoform).
Jos. Müller, Rorschach (Jomüro).

D. Holzfaserplatten.

1. Holzfaserdämmplatten (HFD).

2. Holzfaserhartplatten (HFH).

Die Abgrenzung und Verteilung der Holzfaserplatten [53 bis 58] erfolgt zweckmäßig nach der Rohwichte in lufttrockenem Zustand, d. h. bei einem Wassergehalt von rd. 6%, bezogen auf das Darrgewicht. Dafür und für die Güteeigenschaften, die sich als Mittelwert bei der Prüfung von mindestens je 5 Proben ergeben müssen, wobei die Einzelwerte den Mittelwert um nicht mehr als 10% unterschreiten dürfen, wurden folgende Zahlen von der Technischen Kommission der Faserplattenindustrie vorläufig vorgeschlagen (Zahlentafel 14).

Zu beachten ist, daß die üblichen Holzfaserplatten — sowohl als Dämm- wie auch als Hartplatten — keine oder nur geringe Mengen Bindemittel, z. B. Kunstharze, enthalten. Demgegenüber befinden sich neuerdings auch Holzfaserplatten mit wesentlich höherem Gehalt an organischen Bindemitteln (20 und mehr Gewichtsprozent) in Entwicklung, die, bezogen auf gleiche Rohwichte, wesentlich andere Eigenschaften wie die üblichen Holzfaserplatten besitzen. Auch diese Holzfaser-Leimplatten (wie ein allerdings noch nicht recht befriedigender Vorschlag zur Bezeichnung lautet) lassen sich nach der Rohwichte in Gruppen einteilen, und zwar etwa

Zahlentafel 14. Gemessene Güteeigenschaften von Holzfaserplatten.

	Extrahart	Hart	$^3/_4$ hart	$^1/_2$ hart	Dämmplatten
Rohwichte . . . . kg/m³	1000…1050	950…1000	800…900	500…750	250…400
Biegefestigkeit . . . . kg/cm²					
längs	500…650	350…450	200…250	150…200	20…40
quer	480…600	300…400	150…220	130…180	20…40
Zugfestigkeit . . . . kg/cm²					
längs	300…450	150…300	90…150	70…100	5…10
quer	250…350	100…250	80…130	70…90	5…10
Kugeldruckhärte. . . . . . . kg/mm²	5,0…6,0	4,2…5,0	3,0…4,0	1,5…3,0	—
Abnutzung nach 10000 Hüben . . mm	1,0…1,8	1,5…2,0	2,0…2,5	2,5…3,0	—
Bruchschlagarbeit . . . . . cmkg/cm²					
längs	20…30	20…25	18…23	15…20	5…8
quer	20…30	18…25	15…23	10…20	5…8
Wasseraufnahme in 24 Stunden . . .%	10…15	15…25	15…30	20…30	30…100
Räumliche Quellung bei 24 stündiger Wasserlagerung . . . .%	7,5…12	12…18	10…20	15…20	10…20

1. Leichte Holzfaser-Leimplatten, Rohwichte 150 bis 450 kg/m³.

2. Mittelharte Holzfaser-Leimplatten, Rohwichte 450 bis 700 kg/m³.

3. Harte Holzfaser-Leimplatten, Rohwichte 700 bis 1050 kg/m³.

4. Extraharte Holzfaser-Leimplatten, Rohwichte über 1050 kg/m³.

Infolge des hohen Gehaltes an Bindemitteln besitzen auch die leichten Holzfaser-Leimplatten ein starres Gefüge und damit eine verhältnismäßig hohe Druck- und Biegefestigkeit.

Hersteller:

Richard Anders G. m. b. H., Königsberg i. Pr. 5, HFD, HFH (Andersplatte).

„Atex", Holzfaserplattenfabrik Elsenthal, Wilh. Holzhäuser, Grafenau/Bayr. Wald, HFD, HFH (Atexplatte).

Baldeweg & Co. K.G., Görlitz, Blumenstr. 47 (Sonder-Hartpl., Homogenholzplatte).

Sägewerk Bienenmühle, Heinr. Biermann, Bienenmühle bei Freiberg i. Sa., HFD, HFH (Bienholzplatte).

W. Brügmann & Sohn, Dortmund, Schließfach 232, Werk in Baiersbronn (Schwarzwald) im Bau, HFH.

Adolf Funder, Mölbling (Kärnten), HFH (Funderplatte), Werk St. Veith a. d. Glan.

Gebr. Haßlacher, Hermagor i. Kärnten, im Bau, HFH.

H. Henselmann, Gutenberg üb. Tiengen (Ob.Rh.), HFD (Gutexplatte).

Hermaltex, Wien 1, Augustinerstr. 8, HFD (Hermaltexplatte).

Holsatia-Werke, Hamburg-Altona, Ruhr-Str. 57/9, im Bau, HFH.

Fritz Homann A.G., Dissen (Teutobg. Wald), Werk Herzberg bei Göttingen, HFH.

Isotex-Isolierplattenfabrik, Bruck (Mur) 35, HFD (Isotexplatte).

Kapag, Groß-Särchen, Krs. Sorau, HFD, HFH (Kapagplatte).

Krages & Kriete, Berlin-Charlottenburg, Leibnitz-Str. 18, Werke in Königsberg i. Pr., Schönheide (Erzgeb.), Scheuerfeld a. d. Sieg (Kragesplatte).

Ostpr. Sperrplatten-Fabrik W. Kraus, Johannisburg (Ostpr.), HFD.

Gebr. Künnemeyer, Horn i. L., HFH (Hornplatte).

V. Leitgeb, Kühnsdorf b. Völkermarkt (Kärnten), HFH (V.L.-Platte).

Holzverwertung Karl Lenz, Braunau (Sudetengau), HFD.

Holzfaserplattenfabrik Losheim, Trier, Katharinen-Ufer 9, noch im Bau, HFH.

Lustra-Glanzplattenfabrik, Mannheim, Neckarauer-Str. 161/5 (Sonderpl. für Kühlmöbel).

„Agu", Platten- u. Papierfabrik Erich Niemann, Krobsdorf i. Isergeb. üb. Greiffenberg (Schles.), HFD, HFH (Agu-Platte).

Schles. Papier- u. Zellulose-Fabrik, Ewald Schöller, Hirschberg (Riesengeb.), Werk Sakrau, Bez. Breslau i. Bau, HFH

Tiroler Holzfaserplatten-Fabrik, Wörgl (Tirol), noch im Bau, HFD, HFH.

Wirus Hartplatten-G. m. b. II., Gütersloh (Westf.), HFH (Wirusplatte).
Zenith A.G., Leutkirch (Allg.), HFH (Zefasitplatte).

3. Pappeplatten (PAP).

Einzuordnen in DIN 4076 sind nur Pappeplatten zu
Bauzwecken. Sie sind im allgemeinen mehrschichtig verklebt. Gütezahlen enthält Zahlentafel 15.

Hersteller:

Papierfabrik Großenhain (Troplaplatte).
Kapag, Groß-Särchen, Krs. Sorau (Bau- und Dekorationsplatte).
Ewald & Kohlschein, Eka-Plattenfabrik, Süchteln bei Krefeld
(Eka).

4. Holzfaser-Mineralplatten (HFM).

Bestandteile dieser Plattenart sind neben Holzfasern
und anderen organischen Stoffen (wie gemischte Papier-
und Pappenabfälle, Natronsack-Altpapier, Ästezellstoff,
Abfallzellstoff und Holzstoff) Asbestfasern, auch Schlacken
und Glaswolle sowie mineralische Bindemittel (meist Portlandzement). Die genaue rohstoffmäßige Zusammensetzung wird von den Herstellern, da es sich um verhältnismäßig neue, noch entwicklungsfähige Verfahren handelt, geheim gehalten. Viele der Betriebe sind erst vor
etwa 2 Jahren anläßlich des vorübergehend angeordneten
Asbestverarbeitungsverbotes zur Beimischung organischer
Fasern übergegangen. Der Zementanteil liegt meist mit
80 bis 85 Gewichts-% so hoch, daß sich Zweifel ergeben
können, ob es sich hier noch um Bau- und Werkstoffe
handelt, deren Holzgehalt ausreicht, um eine Aufnahme
in DIN 4076 zu rechtfertigen. Trotzdem empfiehlt es sich,
den Rahmen weit zu spannen, damit die Begriffsordnung
keine Lücken aufweist. Immerhin enthalten auch besonders hochwertige Holzfaser-Mineralplatten etwa 18
Gewichts-% organische Fasern, davon etwa 10% Holz.
Die Rohwichte wird dafür sorgen, daß bei den Verbrauchern nicht die falsche Vorstellung auftreten kann, es
handele sich bei diesen Platten um ein vorwiegend aus
Holzfasern bestehendes Erzeugnis (vgl. Zahlentafel 15).

Zahlentafel 15. Güteeigenschaften von Pappe- und
Holzfaser-Mineralplatten.

Plattenart	Rohwichte kg/m³	Biegefestigkeit kg/cm²
Pappeplatten	550...700	110...**210**...290
Holzfaser-Mineralplatten .	1230...1380	175...**185**...200

Verwendung im Barackenbau, aber auch zu Platten und Formstücken für Entlüftungen und Abgasleitungen.

Hersteller:

Warburger Papierfabrik Bering & Co., Warburg (Westf.).
Christoph & Unmak A.G., Niesky (O.L.).
Deutsche Asbestzement A.G., Berlin-Rudow.
Industriewerke „Eternit" A.G., Gorka b. Trzebinia.
Rudolf Frenzel, Frankenhammer, Post Goldmühl.
Asbelithwerk Gäde & Lembke, Mieste (Altmark).
Torfit-Werke G. A., Haseke & Co., Hemelingen-Bremen.
Eternit-Werke Ludwig Hatschek, Vöcklabruck (O.D.).
Eternit-Werke Hatschek & Comp., Mährisch-Schönberg.
Herrmann & Prosig, Wien VI/56, Marchettigasse 5.
Kölner Holzbau-Werke G. m. b. H., Kalscheuren b. Köln.
Fulgurit-Werke Adolf Oesterheld, Eichriede-Wunstorf (Hann.).
Angelit-Werke Friedr. C. Rung, Porschendorf ü. Pirna (Sa.).
Fibrola-Werke Heinrich Siebert, Jübar (Altmark).
Süddeutsche Asbestschiefer- und Plattenwerke „Elemente-
    trotz", Neuershausen (Baden) über Freiburg (Brsg.).
Vossen & Co. G. m. b. H., Neuß (Rhein), Kölner Land-Str.

5. Verbundplatten (VBP).

Diese Platten werden aus marktgängigen Faserplatten verschiedener Art (z. B. Dämmplatten und Holzfaser-Mineralplatten) zusammengeklebt, um eine Verbundwirkung gewisser Eigenschaften zu erreichen.

Bindemittel.

DIN 4076 führt eine Reihe von besonders wichtigen Bindemitteln an und gibt — soweit vorhanden — die einschlägigen Lieferbedingungen des Reichsausschusses für Lieferbedingungen sowie Anwendungsvorschriften des Reichsausschusses für Wirtschaftliche Fertigung bekannt. Gleichzeitig aber wird bemerkt, daß nicht aufgeführte Bindemittel besonders zu benennen sind. Bei der Vielzahl der im Handel befindlichen Markenleime können Unklarheiten entstehen. Die folgende Liste soll hier Hilfe leisten. Sie lehnt sich an eine Aufstellung von K. Friebe[59] an.

A. Glutinleime:

Hautleim,

Lederleim,

Knochenleim,

Mischleim,

Glutin-Schnellbindeleim (Senderleim RD und B, Neo-
    coll, Racoll-S und SS, Weiß-Miversal-Schnellbin-
    der, Fugenol, Launa SI, Hymir I und II, Glutina
    SW und K u. a.),

Glutin-Heißbinderleim (Ormyd, Camana C, Racoll FH,
  Pekawe, Glutina HW, HKT und HKT extra u. a.),
Glutin-Kaltleim (Senderleim FK, Agsos, Racoll F,
  Pitanleim, Launa CO, Hymir 111 u. a.),
Gelatine,
Hasenleim,
Fischleim,
Hausenblasenleim.

B. Tierische Eiweißleime:
Kaseinleim,
Kasein-Schnellbinderleim (Sonderkaltleim A III u. a.),
Blutalbuminleim,
Blutalbumin-Kaseinleim,
Blutalbumin-Kauritleim.

C. Stärkeleime:
(Taurus, CZ, Evalin, Waluga, Launa 379 u. a.).

D. Kunstharzleime:
Kauritleim W,
  Kaltverfahren, Härter gelb/rot und weiß/blau,
  Heißverfahren, flüssig,
    braun neu,
    Pulver,
  Schaumverfahren, Bu-Pulver,
Kauritleim, WHK-Pulver, Härter gelb/rot,
Pressalleim,
Tegoleimfilm,
Tegowiro-Heißdrahtleimfilm.

Schrifttum.

[1] K. Egner, Neuere Erkenntnisse über die Vergütung der Holzeigenschaften. H. 18, Mitt. Fachausschuß Holzfragen. Berlin: VDI-Verlag 1937. — [2] Anonymus, Lignostone. Z. Holzind. Bd. 11 (1931) H. 47 S. 731; Bd. 12 (1932) H. 6 S. 84. — [3] L. Vorreiter, Lignostone, das neue Holzveredlungserzeugnis. Forstwiss. Cbl. Bd. 56 (1934) S. 533. — [4] F. Kollmann, Holz im Maschinenbau. H. 16, Mitt. Fachausschuß Holzfragen. Berlin: VDI-Verlag 1936. — [5] F. Kollmann, Technologie des Holzes. Berlin: Julius Springer 1936. — [6] O. Graf, Über die Ermittlung der mechanischen Eigenschaften der Hölzer und über Abnahmevorschriften (mit Beispielen von neueren Untersuchungen an in- und ausländischem Holz). H. 4, Mitt. Fachausschuß Holzfragen. Berlin: VDI-Verlag 1932. — [7] L. Vorreiter, Patentbiegeholz. Tharandter Forstl. Jb. 88 (1937) S. 573. — [8] G. Naeser, Metallholz. Umschau Bd. 34 (1930) S. 250. — [9] Reiseberichte über Usine de la Société „Le Bois Bakélisé“ a Nancy-Maxéville in Mem. de la Soc. des Ing. Civils (1933) Nr 7/8 S. 768. — [10] B. J. Brajnikoff, Resin-im-

pregnated wood. Chem. Products Bd. 2 (1939) S. 71. — [11] A. Nowak, Holzimprägnierung mit Wachsstoffen und Kunstharzen. H. 23, Mitt. Fachausschuß Holzfragen. Berlin: VDI-Verlag 1939. — [12] A. J. Stamm, Shrinkage and swelling of wood reduced by synthesizing resins within the wood. Mod. Plastics Bd. 14 (1937) Nr 8 S. 42 u. 71. — [13] A. J. Stamm und R. M. Seborg, The anti-shrink treatment of wood with synthetic resin forming materials and its application in making a superior plywood. S. Lumbermann Bd. 157 (1938) Nr 1985 S. 157. — [14] A. J. Stamm, Minimizing wood shrinkage and swelling. Treatment with sucrose and invert sugar. Ind. Engng. Chem. Bd. 29 (1937) Nr 7 S. 883. — [15] Anonymus, Sugaring veneers. Timber Trades J. 140 (1937) Nr 3149 S. 34. — [16] Fr. Mahlke-Troschel, Handbuch der Holzkonservierung. 2. Aufl. Berlin: Julius Springer 1928. — [17] L. Metz, Holzschutz gegen Feuer und seine Bedeutung im Luftschutz. Berlin: VDI-Verlag 1939. — [18] O. Kraemer, Vergütetes Holz aus deutscher Buche. Z. VDI Bd. 80 (1936) S. 745. — [19] O. Kraemer, Schichtholz als Werkstoff. H. 21, Mitt. Fachausschuß Holzfragen S. 43. Berlin: VDI-Verlag 1938. — [20] K. Riechers, Über Verwendung und Prüfung von hochverdichtetem Holz. Holz als Roh- und Werkstoff Bd. 2 (1939) S. 109. — [21] W. Küch, Untersuchungen an Holz, Sperrholz und Schichthölzern im Hinblick auf ihre Verwendung im Flugzeugbau. Holz als Roh- und Werkstoff Bd. 2 (1939) S. 257. — [22] W. Küch, Einfluß der Preßbedingungen und des Aufbaues auf die Eigenschaften geschichteter Kunstharzpreßstoffe. Z. VDI Bd. 83 (1939) S. 1309. — [23] W. Küch, Heimische Werkstoffe des Holzflugzeugbaues. Jb. dtsch. Luftfahrtforschg Bd. 1 (1937) S. 317. — [24] Isensee und Kesselkaul, Die Festigkeitseigenschaften des Schichtholzes T.V.Bu 20 und des Vielschichtsperrholzes T.V.Bu 20/2, ZWB. Dtsch. Luftfahrt-Forschg, Forschg.Ber. 1223, Mai 1940. — [25] G. Christians und E. Gaber, Sperrholz. Berlin: VDI-Verlag 1929. — [26] O. Kraemer, Der Einfluß der Leimung auf die Güte von Flugzeugsperrholz. DVL-Jb. 1930 S. 434. — [27] O. Kraemer, Untersuchung über den Einfluß von Aufbau und Faserverlauf auf Zugfestigkeit, Biegung und Dehnung an Birkenfurnieren und Birkensperrholz. Luftfahrtforschg Bd. 3 (1929) S. 73/80. — [28] H. W. Schepelmann, Die Untersuchungen über den Einfluß der Schichtung und Verleimung auf die Zugfestigkeit von Sperrholz. Diss. T. H. Berlin 1931. — [29] H. Hertel, Die Schubmoduln von Furnier- und Sperrholz. DVL.-Jb. 3 (1932) S. 43. — [30] O. Kraemer, Aufbau und Verleimung von Flugzeugsperrholz. Luftfahrt-Forschg Bd. 11 (1934) S. 33. — [31] J. Bittner und L. Klotz, Furniere, Sperrholz, Schichtholz. I. Teil: Technologische Eigenschaften: Prüf- und Abnahmevorschriften; Meß-, Prüf- und Hilfsgeräte. Werkstattbücher H. 76. Berlin: Julius Springer 1939. — [32] Anonymus, Panzerholz. Rdsch. dtsch. Arbeit Bd. 16 (1936) Nr 30 S. 8. — [33] A. Thum und H. R. Jacobi, Die Biegefestigkeit von stahlbewehrtem Panzerholz. Holz als Roh- und Werkstoff Bd. 1 (1938) S. 335. — [34] F. Armbruster, Technische Mindestwerte für Kunstharzpreßhölzer. Holz als Roh- und Werkstoff

Bd. 3 (1940) S. 78. — [35] Kurt Riechers, Über Verwendung und Prüfung von hochverdichtetem Holz. Holz als Roh- und Werkstoff Bd. 2 (1939) S. 109. — [36] H. Benz, Buchenschichtholz als Werkstoff für Werkzeuge zur spanlosen Verformung von dünnen Blechen. Holz als Roh- und Werkstoff Bd. 1 (1938) S. 469. — [37] H. Benz, Vergütetes Buchenholz als Werkzeugbaustoff. Masch.-Bau Bd. 16 (1937) S. 252. — [38] E. Wallichs und G. Depiereux, Vergleichsprüfungen an nichtmetallischen geschichteten Preßstoffen. Masch.-Bau Bd. 15 (1936) S. 393. — [39] H. Opitz und H. Reese, Über die Eignung des Schichtholzes für die Herstellung von Zahnrädern. Holz als Roh- und Werkstoff Bd. 3 (1940), H. 1 S. 19. — [40] F. Kollmann, E. Mörath und W. Zeller, Holzhaltige Leichtbauplatten. H. 7, Mitt. Fachausschuß Holzfragen. 3. Aufl. Berlin: VDI-Verlag 1938. — [41] F. Kollmann, Die Herstellung von Leichtbauplatten aus Holzwolle. Holz als Roh- und Werkstoff Bd. 2 (1939) S. 55/61. — [42] Deutsche Heraklith A.-G., München, Heraklith-Technische Anleitungen. München: Deutsche Heraklith 1939. — [43] L. Vorreiter, Handbuch für Holzabfallwirtschaft. Neudamm u. Berlin: J. Neumann 1940. — [44] Anonymus, Kunststeine aus Sägespänen. Holz-Zbl. Bd. 64 (1938) S. 437. — [45] Anonymus, Dübelsteine. Baumarkt Bd. 39 (1940) S. 170. — [46] Weidemann, Verfahren zur Herstellung von Holzzement. Baumarkt Bd. 39 (1940) S. 572—573. — [47] Anonymus, Die Herstellung von Steinholz. Holzmarkt Bd. 54 (1937) Nr 157. — [48] V. Rodt, Steinholz. Über den Gehalt an freiem Chlormagnesium in Sorelzement und Steinholz. Baumarkt Bd. 38 (1939) H. 1 S. 4. — [49] V. Rodt, Kunstholzmasse ohne Chlormagnesium. Chemiker-Ztg. Bd. 63 (1939) S. 53. — [50] V. Rodt, Steinholz. — Seine chemische Untersuchung und Beurteilung. Baumarkt Bd. 38 (1939) S. 289 u. S. 320. — [51] W. Wenhart, Das Steinholz im Zeichen der Bauholz-Bewirtschaftung. Baumarkt Bd. 38 (1939) S. 353. — [52] W. Wenhart, Einfluß verschiedener Füllstoffe auf die Härte und den Abnutzungswiderstand von Steinholz. Baumarkt Bd. 39 (1940) S. 661. — [53] E. Mörath, Die neuere Entwicklung der Faserplattenherstellung und -verwendung. Zbl. Papierfabr. 1938, Sonder-Nr, S. 39. — [54] K. Friedrich, Schwerentflammbare Faserstoffplatten. Holz als Roh- und Werkstoff Bd. 2 (1939) S. 62. — [55] K. Friedrich, Die Prüfung von Faserplatten. Holz als Roh- und Werkstoff Bd. 2 (1939) S. 131. — [56] K. Friedrich, Verfahren und Stand der Faserplattenherstellung in Deutschland. Papierfabrikant Bd. 37 (1939) S. 261. — [57] K. Friedrich, Die Ausbeute bei der Herstellung von Faserplatten. Holz als Roh- und Werkstoff Bd. 3 (1940) Nr 7/8 S. 231/233. — [58] L. Vorreiter, Untersuchungen über Masonite- und Kapag-Hartplatten. Holz als Roh- und Werkstoff Bd. 4 (1941) S. 178. — [59] K. Friebe, Begriffsbereinigung der Leime in der Holzverarbeitung. AWF-Mitt. Bd. 23 (1941) S. 11.

DIN 4076. Vergütete Hölzer und holzhaltige Bau- und Werkstoffe. Begriffe und Zeichen.

I. Werkstoff.

A. Vollholz.

1. Preßvollholz (PVH). Hierzu zählt auch Preßvollholz aus mehreren verbundenen Stücken.

a) Faser in einer Richtung verdichtet (PVH 1).

b) Faser in zwei oder mehr Richtungen verdichtet (PVH 2).

2. Verdichtete Furniere (PFU).

3. Formvollholz (FVH).

4. Tränkvollholz (TVH). Tränkzweck und Tränkmittel sind anzugeben.

B. Lagenholz.

Soweit bei der Herstellung spanlos geformt, ist das Zeichen GEF, soweit mit Innen- und Außenschichten bewehrt, das Zeichen BEW in der Bezeichnung vor der Normblattnummer einzufügen (vgl. Abschnitt IV).

1. Unverdichtetes Lagenholz. Rohwichte (Raumgewicht) bis 850 kg/m³. Kann auch durch Druck beim Leimen geringfügig verdichtet sein.

a) Schichtholz, parallelgeschichtet (SCH). 10% von der Gesamtdicke wird als Querschichtung zugelassen. Abmessungen, Gewichte und Festigkeitswerte für Schichtholzplatten zu Flugzeugteilen nach LgN 124 21.

b) Sperrholz, rechtwinklig (oder spitzwinklig) geschichtet, Abmessungen siehe DIN 4078.

α) Furnierplatten, aus mindestens 3 Lagen bestehend (FU). Platten für Flugzeugbau siehe DIN L 182/183.

β) Tischlerplatten (TI).

Streifenplatten (SR). Mittellagen aus bearbeiteten oder unbearbeiteten Streifen, die nicht sämtlich untereinander fest verbunden sind.

Stabplatten (auch Blockplatten) (ST). Mittellagen aus Holzstäben, die sämtlich untereinander fest verbunden sind.

Stäbchenplatten (STAE). Mittellagen aus Holzstäbchen (z. B. Furnieren) bis zu höchstens 10 mm Breite, die sämtlich untereinander fest verbunden sind.

c) Sternholz (SN). Lagen sind sternförmig geschichtet.

d) Füllplatten (FL). Mittellagen aus Füllmassen oder besonders gestalteten Füllungen.

2. Verdichtetes Lagenholz (Preßlagenholz). Gepreßtes und verdichtetes Lagenholz, Rohwichte (Raumgewicht) über 850 kg/m³. Preßlagenholz mit einem Harzgehalt von mindestens 8% wird als „Kunstharzpreßholz" bezeichnet, seine technischen Mindestwerte sind festgelegt in DIN 7701.

a) Preß-Schichtholz (PSCH). DIN 7701 Klasse A.
b) Preß-Sperrholz (PSP). DIN 7701 Klasse B.
c) Preß-Sternholz (PSN). DIN 7701 Klasse C.

C. Holzspanstoffe.

1. **Holzwolleplatten**, soweit durch Einlagen bewehrt, ist das Zeichen BEW in der Bezeichnung vor der Normblattnummer einzufügen (vgl. Abschnitt IV). Überzüge über die Platten sind besonders anzugeben (HWP). Abmessungen und Güteeigenschaften siehe DIN 1101.
a) Einschichtig.
b) Mehrschichtig (geklebt).
c) Mit Mittellagen aus Füllstoffen, z. B. Hobelspänen.

2. **Holzspan-Preßstoffe**, soweit durch Einlagen bewehrt, ist das Zeichen BEW in der Bezeichnung vor der Normblattnummer einzufügen (vgl. Abschnitt IV).
a) **Holzspan-Dämmplatten** (HSD).
b) **Balken, Dielen, Dübelsteine, Formlinge** usw. (HSF).
c) **Holzspan-Hartplatten** (HSH).
Holzspäne mit überwiegend anorganischen Bindemitteln oder Holzspäne mit organischen Bindemitteln.

3. **Holzspan-Massen.**
a) Holzspäne (auch Holzmehl) mit überwiegend anorganischen Bindemitteln, z. B. Steinholz. Begriff, Dicke, Eigenschaften und Prüfverfahren von Steinholz siehe DIN 272.
b) Holzspäne (auch Holzmehl) mit überwiegend organischen Bindemitteln, z. B. Knetholz.

D. Holzfaserplatten.

1. **Holzfaser-Dämmplatten** (Rohwichte 230 bis 400 kg/m³) (HFD).
2. **Holzfaser-Hartplatten** (HFH).
a) **Halbharte Holzfaserplatten** (Rohwichte 650 bis 750 kg/m³) (HFH $^1/_2$).
b) **Dreiviertelharte Holzfaserplatten** (Rohwichte über 750 bis 900 kg/m³) (HFH $^3/_4$).
c) **Harte Holzfaserplatten** (Rohwichte über 900 kg/m³) (HFH 1).
d) **Extraharte Holzfaserplatten** mit besonders gehärteter Oberfläche (Rohwichte über 900 kg/m³) (HFH 2).

3. **Pappeplatten** (PAP).
4. **Holzfaser-Mineralplatten** (HFM).
5. **Verbundplatten** (VBP).

Anmerkung: Holz kann als Füllstoff auch in folgenden formgepreßten Kunstharz-Preßstoffen enthalten sein:

1. Typ S: Phenolharz-Preßstoff mit Holzmehlfüllung (DIN 7701).
2. Typ K: Harnstoffharz-Preßstoff mit Holzmehlfüllung (DIN 7701).
3. Kunstharz-Preßstoff mit Furnierschnitzeln als Füllstoff.

II. Bindemittel.

Nichtaufgeführte Bindemittel sind besonders zu benennen.

A. Glutinleime nach RAL 093 A 2.

1. Hautleim (H), 2. Lederleim (L), 3. Knochenleim (KN).

B. Tierische Eiweißleime.

1. Kasein nach RAL 093 C (C), 2. Blutalbumin (A).

C. Stärkeleime nach RAL 280 A (ST).

D. Kunstharzleime nach AWF 30 d.

1. Kauritleim (K), 2. Pressalleim (P), 3. Tegofilm (T).

E. Mineralische Bindemittel.

1. Gips (G), 2. Magnesit (M), 3. Zement (Z).

III. Holzarten.

A. Einheimische Holzarten.

1. Nadelhölzer (NH).

a) Duglasie (DG). b) Fichte (FI). c) Kiefer (KI). d) Lärche (LA). e) Tanne (TA). f) Weymouth-Kiefer (WK).

2. Laubhölzer (LH).

a) Ahorn (AH). b) Akazie (AK). c) Aspe (AS). d) Birke (BI). e) Birnbaum (BB). f) Edelkastanie (KA). g) Eiche (EI). h) Erle (ER). i) Esche (ES). k) Hainbuche (Weißbuche) (HB). l) Kirschbaum (KB). m) Linde (LI). n) Nußbaum (NB). o) Pappel (PA). p) Roßkastanie (RK). q) Rotbuche (BU). r) Rüster (RU). s) Weide (WE).

B. Ausländische Holzarten.

a) Abachi (ABA). b) Acajou (ACJ). c) Okume (Gabun) (OKU). d) Limba (LIM). e) Mahagoni (MAH). f) Amerikanischer Ahorn (MAP). g) Pine (amerikanische Kiefern- und Nadelholzarten) (PIN). h) Oregon Pine (ORP). i) Whitewood (WHI).

Nichtgenannte Holzarten sind besonders zu benennen.

IV. Aufbau von Bezeichnungen.

Ein Erzeugnis ist stets in der Reihenfolge:

Werkstoff — bei Platten Dicke — Bindemittel — Holzart — Lagenzahl je cm — Normblattnummer

zu bezeichnen. Sind die Abmessungen oder Eigenschaften eines nach DIN 4076 bezeichneten Erzeugnisses durch eine besondere Norm festgelegt, so ist die Nummer des betreffenden Normblattes an letzter Stelle hinter DIN 4076 anzuführen. Die Dicke ist stets, auch bei Holzspanstoffen und Holzfaserplatten, in mm anzugeben. Die Angabe des Bindemittels bezieht sich bei Tischlerplatten nicht auf die Mittellage. Bei Schichtholz ist stets die Anzahl der Lagen je cm Dicke im fertigen Zustand zu nennen; für die Lagenzahl und die Dicke ist ein Spielraum von 10% zulässig. Bestehen Lagenhölzer aus verschiedenen Holzraten, so sind diese in der Reihenfolge von außen nach innen anzuführen; sinngemäß sind auch andere Werkstofflagen (z. B. Bleche, bei bewehrtem Lagenholz) zu nennen.

1. Beispiel: Schichtholzplatten (SCH), Plattendicke 20 mm, tegofilmverleimt (T), aus Buchenholz (BU) mit 15 Schichten je cm Dicke, nach der Begriffsbestimmung DIN 4076

SCH 20 — T — BU 15 — DIN 4076.

2. Beispiel: Rohlinge für einen Türdrücker bestehen aus Preßschichtholz (PSCH), mit Tegofilm (T) verleimt; die Buchenfurniere (BU) sind mit parallelem Faserverlauf geschichtet (z. B. im Fertigzustand 17 Lagen je cm) und durch Biegen geformt (GEF). Der Drückeraufbau ist nach DIN 4076 wie folgt zu bezeichnen:

PSCH — T — BU 17 — GEF — DIN 4076.

3. Beispiel: Holzwolleplatten (HWP), 50 mm dick, mit Magnesitbindung (M) aus Kiefernholzwolle (KI), Bezeichnung nach DIN 4076, Abmessungen und Güteeigenschaften nach DIN 1101

HWP 50 — M — KI — DIN 4076/1101.

4. Beispiel: Harte Holzfaserplatte (HFH 1), 3 mm dick, aus Nadelholz (NH), nach der Begriffsbestimmung DIN 4076

HFH 1 — 3 NH — DIN 4076.